数码绘画的艺术

用Procreate还原妙想世界

数字 Digital Artists 艺术家系列

丁胥文 王莹 编著

中国青年出版社

图书在版编目（CIP）数据

数码绘画的艺术：用Procreate还原妙想世界／丁胥文，王莹编著.--北京：
中国青年出版社，2022. 8
ISBN 978-7-5153-6658-6

I.①数… II.①丁… ②王… III.①图像处理软件 IV.①TP391.413

中国版本图书馆CIP数据核字（2022）第083509号

策划编辑 张　鹏
执行编辑 张　沣
责任编辑 邱叶芃
特约编辑 乌　兰
书籍设计 乌　兰

数码绘画的艺术：用Procreate还原妙想世界
编　　著：丁胥文　王莹

出版发行：中国青年出版社
地　　址：北京市东城区东四十二条21号
网　　址：www.cyp.com.cn
电　　话：（010）59231565
传　　真：（010）59231381
企　　划：北京中青雄狮数码传媒科技有限公司
印　　刷：天津融正印刷有限公司
开　　本：889 x 1194　1/16
印　　张：16
字　　数：207千字
版　　次：2022年8月北京第1版
印　　次：2022年8月第1次印刷
书　　号：ISBN 978-7-5153-6658-6
定　　价：148.00元

本书如有印装质量等问题，请与本社联系
电话：（010）59231565
读者来信：reader@cypmedia.com
投稿邮箱：author@cypmedia.com
如有其他问题请访问我们的网站：http://www.cypmedia.com

前言

当您打开这本书，相信已经做好准备探究使用 Procreate 进行绘图的崭新世界。作为一款在 iPad 上使用的数字绘画和绘图应用程序，Procreate 充分利用 iPad 屏幕触摸的便捷方式，更加人性化的设计效果，带给您直观的创作体验。搭配使用 Apple Pencil，让您在使用软件时获得更接近纸上作画的手感。除了提供便携、高效的工作场景，Procreate 支持多种常见的图片格式和色彩模式。就像拥有了一个属于自己的移动艺术工作室。

Procreate 获得了 Apple 最佳设计奖和 App Store 必备应用奖项。软件包括突破性的画布分辨率、136 种简单易用的画笔、高级图层系统，并由 iOS 上最快的 64 位绘图引擎 Silica M 支持。Procreate 作为 App Store 中最优秀的绘图软件之一，只需一次性购买就能使用软件完整的功能。

本书涵盖了有关 Procreate 的最新功能，帮您快速掌握使用 Procreate 的各种技巧。通过 9 种实例详解，让您掌握不同绘画风格在 Procreate 中是如何实现的。（本书提供对应教学视频可供下载）

现在，越来越多的艺术家选择使用 Procreate 创作商业作品。它已不局限于绘图，而是延伸至更广阔的设计领域。最新的动画功能甚至可以帮助您创作新媒体所需要的素材。相信您也可以通过本书获得全新的创作体验。无论您是设计类学生、自由设计师或者插画师，都能在本书中获得使用 Procreate 的帮助。

- Procreate 的使用离不开 iPad 和 Apple Pencil。
- Apple Pencil 出色的感知、速度和精准特性，能够释放 Procreate 的全部潜力。
- 最新的 iPad Pro 搭配第二代 Apple Pencil。
- 其他型号的 iPad 搭配第一代 Apple Pencil。

使用说明

本书为 Procreate 量身打造，建议您先阅读软件功能介绍的相关章节。本书从介绍 Procreate 的用户界面开始，详细阐述如何创建画布与图库管理，并依次带您一同探索 Procreate 软件中手势、画笔、颜色、图层、选取、变形和动画等绘画工具的详细操作。

本书的前半部分是软件基础应用的相关章节，会帮助您了解并学习如何使用 Procreate 软件，后半部分是实操应用的相关章节，将展示使用 Procreate 软件绘制插画的详细步骤。读完了软件基础应用的相关章节并对 Procreate 有了基础掌握后，不妨尝试跟着后面的实操应用章节一同绘制一张插画。实操应用章节包含九个主题，每个主题都有自己的绘画风格与绘制技巧，在每个绘画主题的开头会列出学习目标与学习重点。如何使用工具与绘画技巧是您学习的重中之重，本书中随机出现的“小贴士”会提供有用的绘画建议或创造性的见解。现在，跟着本书一步一步地学习如何使用 Procreate 绘制您的插画艺术品吧。

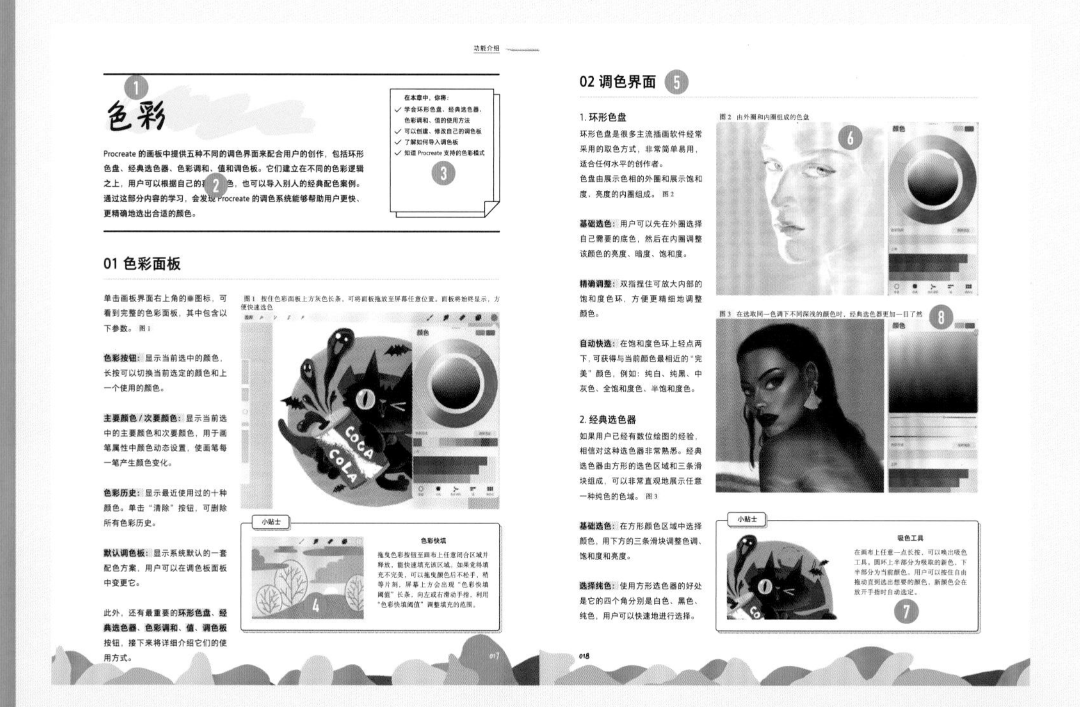

功能介绍

1

色彩

Procreate 的画板中提供五种不同的调色界面来配合用户的创作，包括环形色盘、经典选色器、色彩调和、值和调色板。它们建立在不同的色彩逻辑之上，用户可以根据自己的[illegible]色，也可以导入别人的经典配色案例。通过这部分内容的学习，会发现 Procreate 的调色系统能够帮助用户更快、更精确地选出合适的颜色。

2

在本章中，你将：
- ✓ 学会环形色盘、经典选色器、色彩调和、值的使用方法
- ✓ 可以创建、修改自己的调色板
- ✓ 了解如何导入调色板
- ✓ 知道 Procreate 支持的色彩模式

3

01 色彩面板

单击画板界面右上角的●图标，可看到完整的色彩面板，其中包含以下参数。图 1

色彩按钮： 显示当前选中的颜色，长按可以切换当前选定的颜色和上一个使用的颜色。

主要颜色 / 次要颜色： 显示当前选中的主要颜色和次要颜色，用于画笔属性中颜色动态设置，使画笔每一笔产生颜色变化。

色彩历史： 显示最近使用过的十种颜色。单击“清除”按钮，可删除所有色彩历史。

默认调色板： 显示系统默认的一套配色方案，用户可以在调色板面板中变更它。

此外，还有最重要的**环形色盘、经典选色器、色彩调和、值、调色板**按钮，接下来将详细介绍它们的使用方式。

图 1 按住色彩面板上方灰色长条，可将面板拖放至屏幕任意位置。面板将始终显示，方便快速选色

小贴士

色彩快填

拖曳色彩按钮至画布上任意闭合区域并释放，能快速填充该区域。如果觉得填充不完美，可以拖曳颜色后不松手，稍等片刻，屏幕上方会出现“色彩快填阈值”长条，向左或右滑动手指，利用“色彩快填阈值”调整填充的范围。

4

017

02 调色界面 5

1. 环形色盘

环形色盘是很多主流插画软件经常采用的取色方式，非常简单易用，适合任何水平的创作者。

色盘由展示色相的外圈和展示饱和度、亮度的内圈组成。图 2

基础选色： 用户可以先在外圈选择自己需要的底色，然后在内圈调整该颜色的亮度、暗度、饱和度。

精确调整： 双指捏住可放大内部的饱和度色环，方便更精细地调整颜色。

自动快选： 在饱和度色环上轻点两下，可获得与当前颜色最相近的“完美”颜色，例如：纯白、纯黑、中灰色、全饱和度色、半饱和度色。

2. 经典选色器

如果用户已经有数位绘图的经验，相信对这种选色器非常熟悉。经典选色器由方形的选色区域和三条滑块组成，可以非常直观地展示任意一种纯色的色域。图 3

基础选色： 在方形颜色区域中选择颜色，用下方的三条滑块调整色调、饱和度和亮度。

选择纯色： 使用方形选色器的好处是它的四个角分别是白色、黑色、纯色，用户可以快速地进行选择。

图 2 由外圈和内圈组成的色盘

6

图 3 在选取同一色调下不同深浅的颜色时，经典选色器更加一目了然

8

小贴士

吸色工具

在画布上任意一点长按，可以唤出吸色工具。圆环上半部分为吸取的新色，下半部分为当前颜色。用户可以按住自由拖动直到选出想要的颜色，新颜色会在放开手指时自动选定。

7

018

1 章标题
2 本章概述
3 学习目标
4 操作手势
5 节标题
6 操作截图
7 绘画技巧
8 截图操作提示

1 案例名称
2 创作灵感
3 学习目标
4 案例预览
5 分步介绍
6 截图操作提示

1 案例最终效果介绍
2 案例最终效果展示
3 同类题材拓展范例

下载资源

本书的例图章节会有一个箭头图标，表示可以下载例图插画操作步骤的视频讲解，以帮助您进行学习。

手势操作

一指触屏

两指触屏

滑动

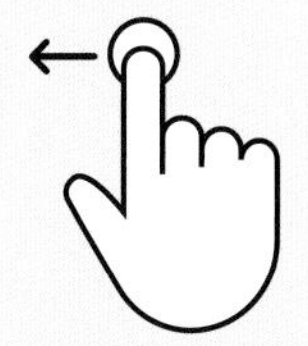

一指触屏并滑动

Procreate 可以使用一系列的快捷手势来执行软件操作，例如：两根手指轻触屏幕即可撤销上一步操作。为了帮助您快速学习软件并充分利用软件优势，我们在本书中使用以上符号来表示所需的操作动作。

软件介绍

现在已经对本书的内容有了大致了解，让我们继续一起探索 Procreate 提供的所有绘画工具吧。

Procreate 是一款专门为移动式设备设计的绘图应用软件，有着独特的访问菜单和响应式手势控制，强大的笔触自设定系统搭配 iPad 和 Apple Pencil 使用，能达到不同媒介如同现实绘画的触感。本书将从创建新画布的多种选项开始，一步步带领您学习并掌握 Procreate 自带的多种工具与各种功能，从如何使用快捷手势来管理图层到绘画中使用率最高的画笔、颜色、图层属性等具体设置该如何操作。甚至可以体验如何定制 Procreate 的专属界面，最大限度地发挥创造力。

拿起 iPad 和 Apple Pencil，准备好单击、滑动并尝试 Procreate 所有功能吧，通过学习本书的内容，我们将最终获得 Procreate 的实际操作经验，并绘制出惊人的 CG 插画作品。

目录

功能介绍 001

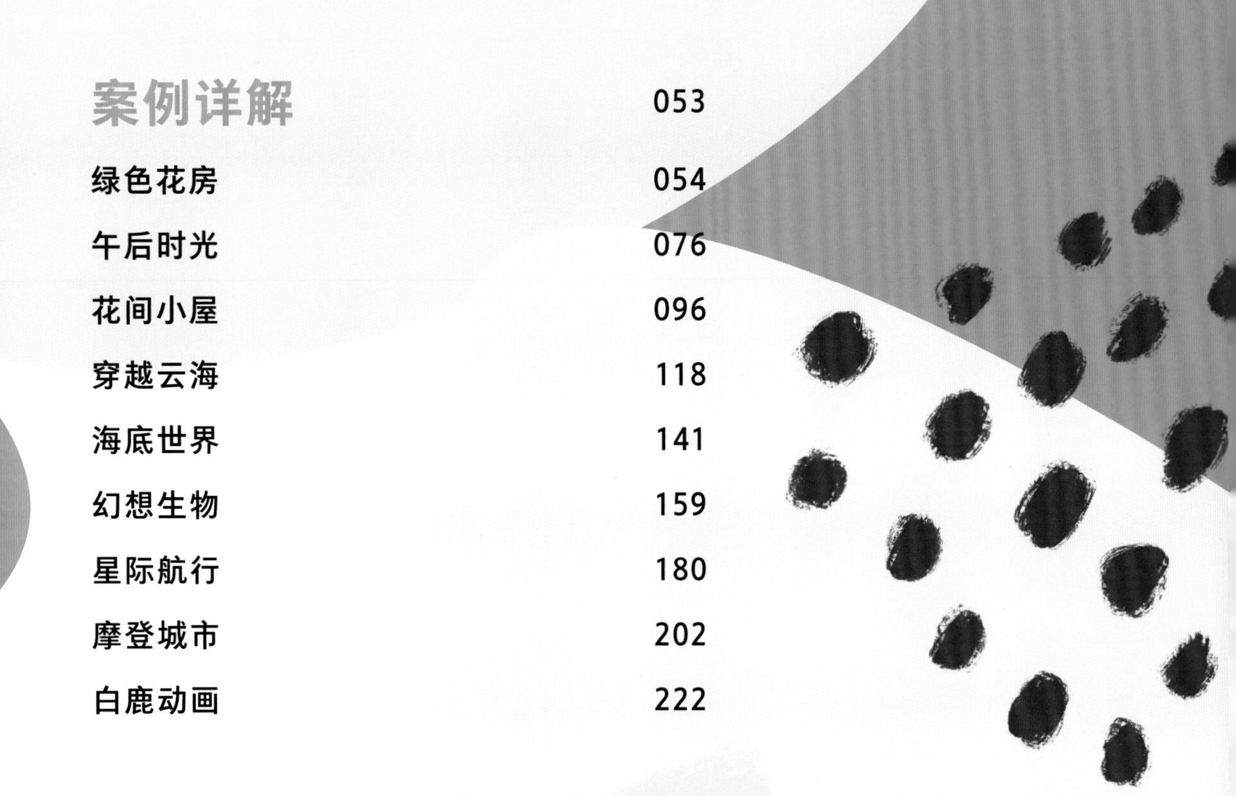

功能介绍

用户界面与手势

在本章中，你将：
- ✓ 熟悉界面的所有功能名称
- ✓ 熟悉手势的基本操作

这部分可以看作是为了熟练使用 Procreate 的简单热身，我们会详细了解 Procreate 的用户界面与快捷手势。在学习中，请务必牢记用户界面中出现的功能键名称，各自的详细功能应用将会在之后的章节中做详细讲解。

01 画布界面设计

Procreate 的用户界面（UI）是用户与软件交互的方式，进入画布界面后，位于上部的工具栏提供了操作、调整、选取、变形、画笔、涂抹、橡皮、图层和颜色等工具；位于左侧的边栏按钮包含笔刷大小、透明度调节键、撤销和复原按钮。图 1

图 1 画布界面

Procreate 提供两种不同的界面模式：深色界面以炭灰色为底，浅色界面以浅灰色为主。用户可以根据自己的喜好选择合适的显示模式，操作方法是：在 Procreate 主界面“操作”面板的“偏好设置”选项卡下，单击“浅色界面”开关按钮进行设置。

开启“画笔光标”后，触碰画布的同时，会出现笔刷的边缘线条，可以让用户提前看到画笔的轮廓。操作方法是：在 Procreate 主界面“操作”面板的“偏好设置”选项卡下，单击“画笔光标”开关按钮进行设置。图 2

图 2 “操作”面板

精准调整功能键

当我们需要更高的精细调整时，可以进行精细控制。用手指按住并拖动功能滑块，向上或向下移动调整笔刷大小或不透明度的精准数值。滑块移动时会弹出小界面显示具体的数值。图 3

此技巧适用于 Procreate 中出现的所有滑块功能。

图 3 精细控制

02 手势的基本操作

Procreate 受欢迎的主要原因之一是其极简的界面风格，通过使用手势，可以让它变成一个完全的数字绘画应用程序，没有几十个菜单命令挤在面前，可以更专注于绘画。比起其他的绘图软件，Procreate 独有的快捷手势操作会让用户的创作如虎添翼。

放大和缩小：双指放在画布上，捏合手指使画布放大或缩小。

旋转图像：双指捏住画布时转动手指，画布即可旋转各种角度。此手势亦可移动画布。

快速全图预览：双指快速捏合后放手，画布会自动缩放为适配大小。图 4

图 4 手势

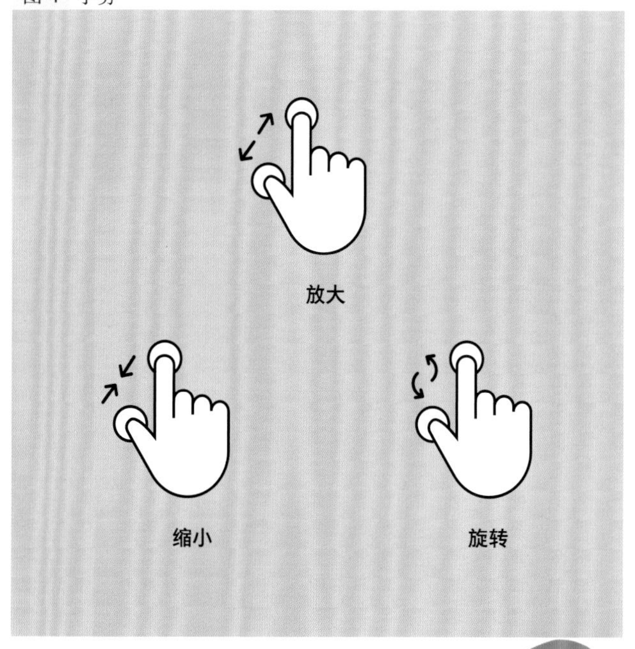

拷贝/粘贴工具栏：在屏幕上用三指向下拖动，可呼唤出剪切、拷贝、粘贴六选工具栏。 图5

在任何绘画软件中，撤销和重做都是最常用的操作命令。撤销可以退回之前的操作，重做可以让画面从头开始。在 Procreate 中用户可以使用手势来达到以上目的。

撤销：双指单击画布，即可撤销前一个操作；双指保持长按，延迟一会后可撤销一系列操作。Procreate 最多能撤销 250 个操作。 图6

重做：双指单击以撤销过多操作后，只要三指单击就能"重做"。 图6

画面清除：三指左右拖动，可将图层的全部内容擦除掉。 图7

切换全屏：四指单击屏幕，即可呼唤"全屏"模式。 图8

图5 拷贝与粘贴工具栏

图6 左侧是两指撤销，右侧为三指重做

图7 三指清除效果对比

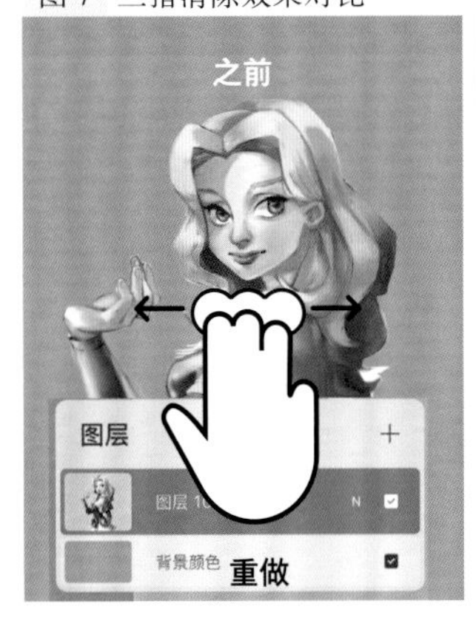

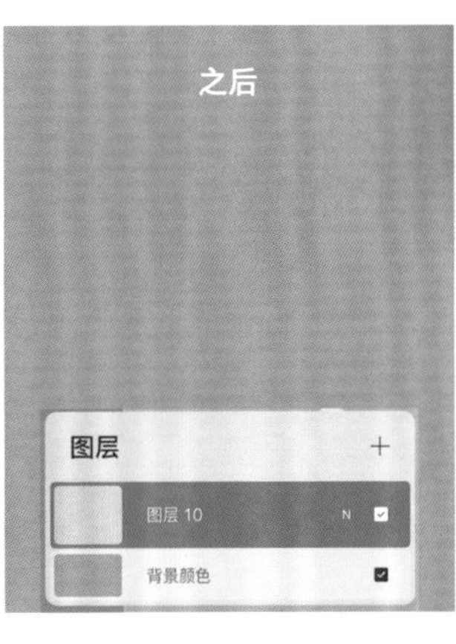

图8 四指全屏对比

图库

通过上一章节的学习，相信大家已经了解 Procreate 最主要的工作界面以及不同于 Photoshop、Painter 等计算机绘图软件的快捷手势功能。下面，我们将把目光移回软件最开始的界面——图库。图库作为集中展示、管理、新建作品的主要页面，还包含一些容易令人忽略的功能，相信通过本章的介绍，我们可以快速地掌握其功能应用。

在本章中，你将：

- ✓ 创建适合的完美新画布
- ✓ 在图库中删除、复制和共享文件
- ✓ 了解 Procreate 支持的文件格式
- ✓ 重新排列、组合文件
- ✓ 学会批量操作文件
- ✓ 快速预览所有作品

01 创建新画布

单击图库界面右上角的“+”图标，打开“新建画布”菜单，可以看到 Procreate 默认为使用者提供 7 种不同尺寸、色彩模式的画布样板，其中包含“屏幕尺寸”“正方形”、4K、A4、“4 × 6 照片”、美制纸张尺寸及“连环画”，方便用户快速选择适合自己的画布。图 1

图 1 单击左上角的 Procreate 标志，可以看到软件版权信息和更新提醒，还能恢复示例作品

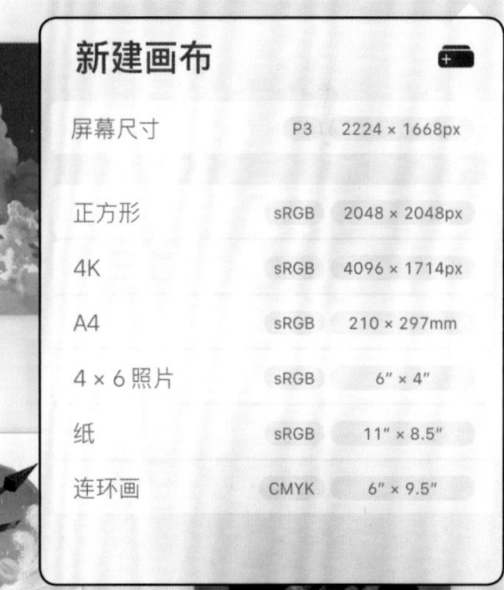

新建画布

若我们的作品需要特别一些的尺寸，则单击“新建画布”菜单右上角的图标，进入“自定义画布”界面，根据需求设定相关内容。图 2

尺寸

选择“尺寸”选项，可以设置新画布的长宽像素及像素分辨率 DPI。因为移动设备对图片大小的限制，导致画布的尺寸会影响该文件的最大图层数。尺寸越大、分辨率越高的新画布，可建立的图层数就越少。以右图为例，当分辨率设置为 300，软件则提示“太大”无法保存。图 3

颜色配置

“颜色配置文件”选项提供 RGB 和 CMYK 两种模式。如果不确定自己需要的色彩模式，使用默认配置对大多数创作都是适合的。

缩时视频设置

“缩时视频设置”功能是 Procreate 最贴心的设计之一，它可以记录创作过程并以高速缩时视频的方式回放。用户可以在这里设置视频的尺寸和画质。开始作画后，这些参数将不能被修改。

画布属性

选择“画布属性”选项后，用户可以自定义画布背景颜色或隐藏背景。

图 2　自定义画布

自定义画布

尺寸

颜色配置文件

缩时视频设置

画布属性

图 3　较高分辨率的图像

小贴士

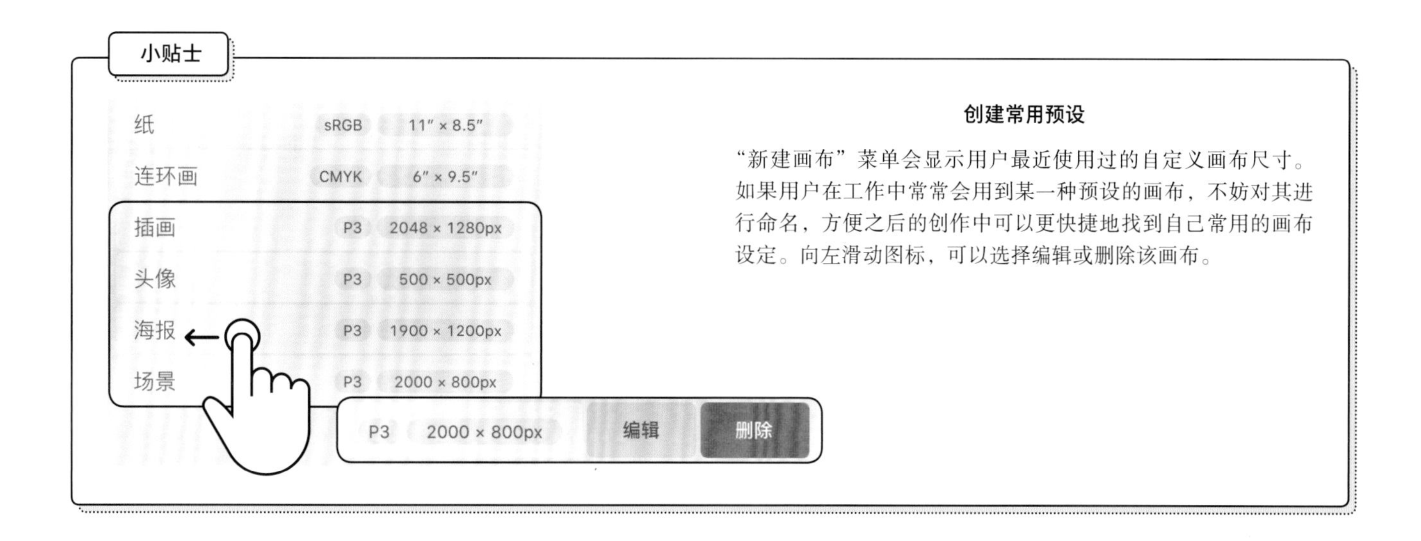

创建常用预设

“新建画布”菜单会显示用户最近使用过的自定义画布尺寸。如果用户在工作中常常会用到某一种预设的画布，不妨对其进行命名，方便之后的创作中可以更快捷地找到自己常用的画布设定。向左滑动图标，可以选择编辑或删除该画布。

02 管理作品

了解了画布的创建和自定义操作后，下来我们来介绍如何管理绘画作品，包括预览作品、分享作品、复制作品、删除作品和整理作品等。

1. 预览作品

图库可以看作 Procreate 开设的私人画廊。这个界面展示了在 Procreate 创作的所有作品，通过两根手指捏放的动作，可以快速进入全屏预览模式。

预览模式中，左右滑动手指可浏览各件作品；双击可以进入该画布并进行创作；轻点即退出画布预览。 图 4

图 4 预览多个图像不需要单击打开，可以使用放大手势

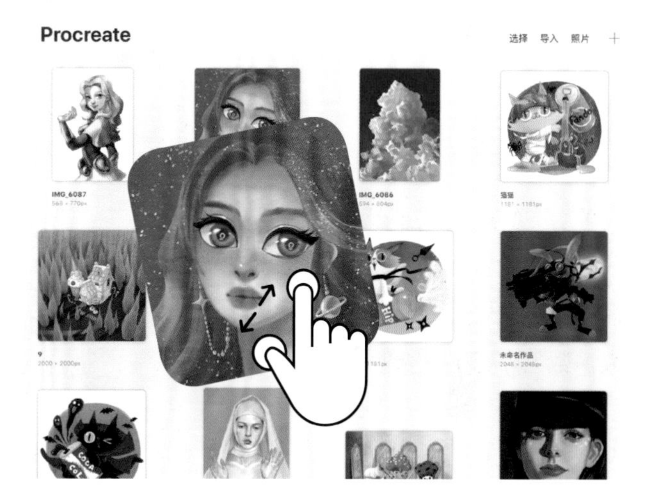

2. 分享、复制、删除作品

在作品缩略图上向左滑动，会显示分享、复制和删除按钮。 图 5

复制：“复制”按钮方便用户对一个文件保留不同的版本。

删除：“删除”按钮用于删除画布。删除的操作无法撤销，请一定养成良好的备份习惯。

分享：Procreate 提供了 10 种不同文件格式可供选择，单击“分享”按钮，用户可以将文件分享到其他软件或分享给朋友、领导、客户。

图 5 无须按住，请直接向右滑动

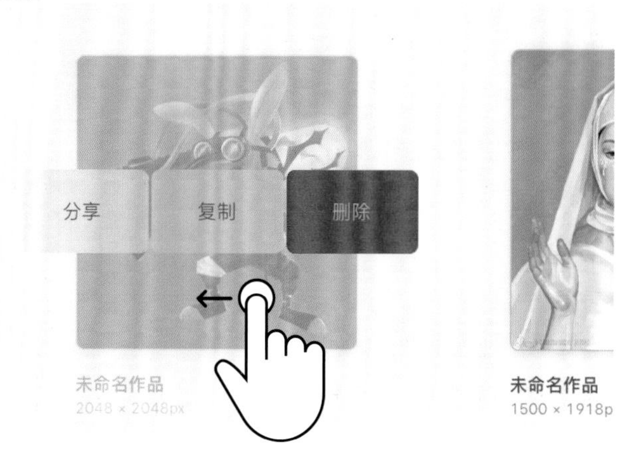

小贴士

Procreate 支持的文件格式

Procreate 会将作品以 .procreate 格式自动保存，该格式占用内存更小、读取速度更快，上面提到的缩时视频的数据也保存在其中。作为创作者，通常不会仅仅使用一种设计软件。Procreate 除了独有的 .procreate 格式，还支持导入 PSD、JPEG、PNG、TIFF、GIF 格式的文件。导出文件格式除了 PSD、JPEG、PNG、TIFF、GIF 外，还增加了动画 GIF、动画 PNG 和动画 MP4，大大增加了 Procreate 作为生产力软件的应用范围。

3. 整理作品

当用户的图库被越来越多的作品堆满，想找到某个文件似乎变得有些麻烦。Procreate 提供简便的操作用于整理作品，用户可以自由地排列、重命名并创建“堆”来整理它们。图 6

1）图库中的作品可长按并拖动到自己喜欢的位置，用户可以把作品按照名称、色系和主题的顺序整理。

2）如果将一个作品拖曳到另一作品上方，就可将它们合并为一个“堆”。用户可以把它理解为分组。把相同类型的作品分组存放，能够更快地找到文件的位置。

3）单击作品标题或“堆”的标题，可重命名当前作品或“堆”的名称。在创建文件时规范地命名文件名称，也是提高工作效率不可忽略的步骤。

图 6　整理图库中的作品

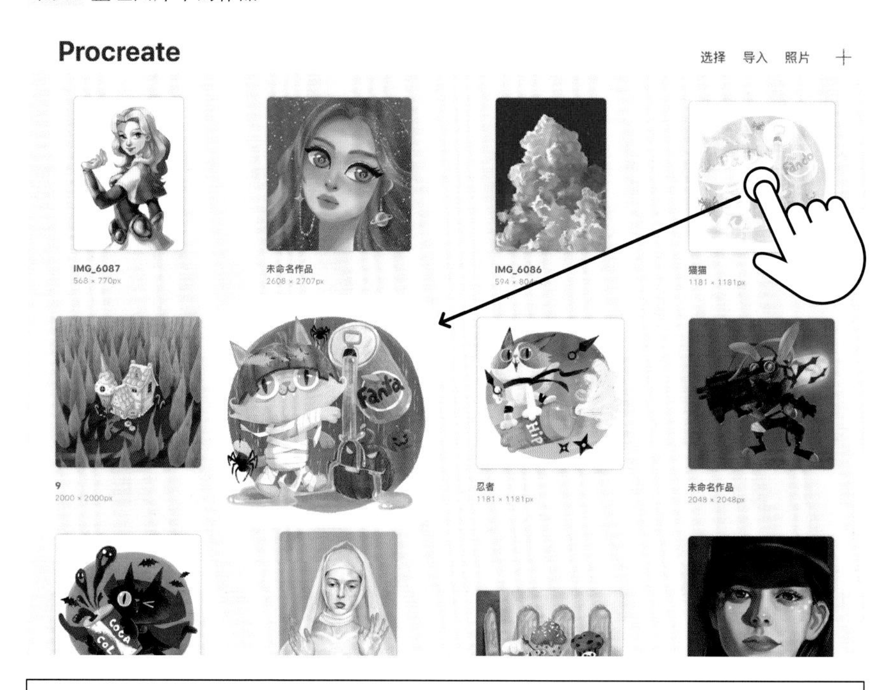

整理作品的操作与在各种智能手机上整理软件的方式是一样的，既然用户已经使用 iPad，那这些操作一定非常熟悉了。

小贴士

3
2048 × 1406px

忍者
1181 × 1181px

旋转文件

用 iPad 进行创作时，旋转 iPad 可以方便用户绘制不同方向的线条；或是为了适应屏幕长宽而旋转屏幕。当我们完成作品后，在图库中会经常发现它的方向产生了颠倒。幸运的是，Procreate 中改变作品的方向不需要进入作品中，只要在图库界面双指按住作品缩略图并旋转，就能快速改变作品方向。

4. 批量操作

选择　导入　照片　＋

选择

如果想同时操作多个作品，可以单击界面右上角的“选择”按钮。

单击“选择”按钮，此时每个作品前会出现小圆圈。选择多个文件即可以进行以下操作。图 7

- **堆**：选中的文件快速组成一个新的“堆”。
- **预览**：预览选中的文件。
- **分享**：同样支持 10 种文件格式。
- **复制**：复制选中的文件并直接呈现选中的状态。
- **删除**：批量删除文件。

导入

单击“导入”按钮，找到需要的图片文件所在的位置，单击即可导入到 Procreate 图库。

照片

从 iPad 相册直接导入图片或视频。导入视频时，会显示为逐帧动画——每一帧为一个图层。

图 7　选择多个文件进行批量操作，能有效提高工作效率

堆　预览　分享　复制　删除　×

滑雪
1638 × 740px

IMG_6087
568 × 770px

猫猫
1181 × 1181px

9
2000 × 2000px

小贴士

PSD 文件

在 Procreate 中导入 / 导出 PSD 文件，会保留图层信息，包括图层背景、滤镜效果、图层混合模式、锁定图层。矢量图层和文字图层会被栅格化。图层的描边、发光、渐变、叠加等效果，因为 Procreate 没有相同功能则会被删除。

画笔

无论学习哪种绘图软件，画笔的应用都是学习的重点。本章将详细讲解 Procreate 画笔功能与画笔工作室的应用。Procreate 拥有多种类型的画笔组，每组中又包含不同的细分画笔，因此总计不低于百支笔刷。在如此大数目的画笔中，想要选择适合自己的，可不是一件容易的事情。

在本章中，你将：

- ✓ 认识画笔功能
- ✓ 学会如何管理画笔
- ✓ 如何创建自己的笔刷
- ✓ 如何导入 / 分享画笔

01 画笔库

1. 绘画工具

绘画、涂抹和擦除是 Procreate 基本的绘画工具，都可以调用画笔库中的不同笔刷，产生不同的效果。打开“画笔库”就能看到众多的画笔组，深入探索不同的笔刷，可以加深对此笔刷的使用感觉。Procreate 软件自带 18 个画笔组 图 1 ，大致可分为以下几类。

铅笔组： 包含铅笔、蜡笔等干介质画笔，是绘制草稿的实用笔刷。

毛笔组： 有着干湿媒介的多用途笔刷组，包含毛笔、水彩、丙烯等实用笔刷，适合写生绘画。

喷枪组： 有柔和的边缘笔刷和犀利的边缘笔刷。软硬不同的笔刷能很好地创作出想要的基础画面，是很实用的万能笔刷。

纹理组： 包含各种颗粒笔刷与图案笔刷，有水、树、皮肤等各种效果笔刷，可修饰画面产生不同的艺术效果，在概念设计与工业设计中能起到关键作用。

图 1 在开始绘画之前，用户需要探索画笔库中所有笔刷，试验不同笔刷在涂鸦中的应用

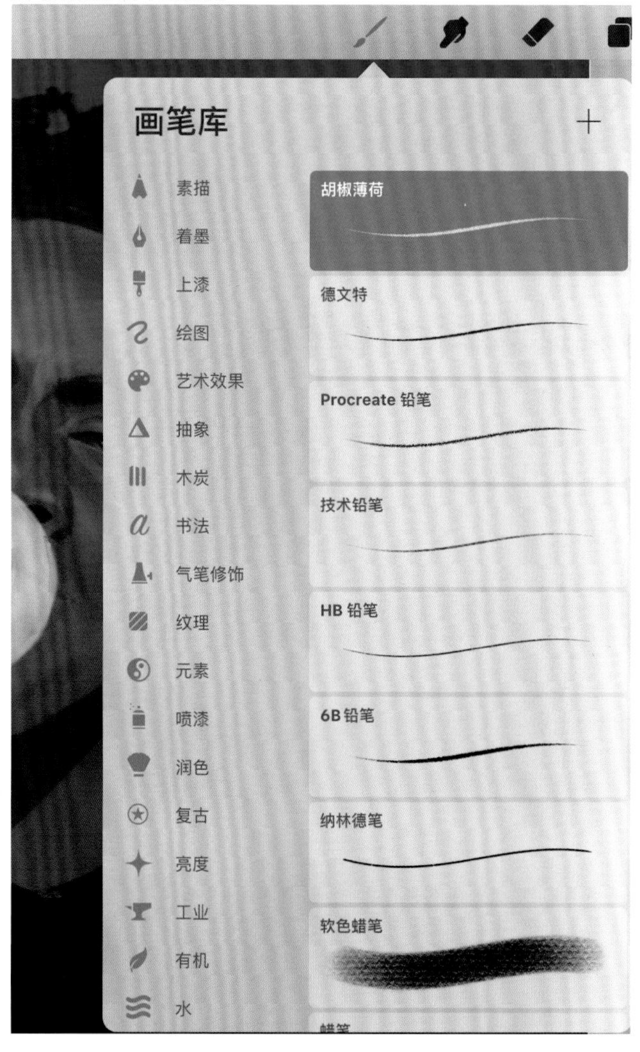

2. 管理笔刷组

在能够创造出自己的笔刷前，需要先学习如何创建笔刷组并管理画笔库。

新建笔刷组：单击“+”按钮，可以新建笔刷组。单击任意笔刷组名称的左侧位置，会弹出“重命名”“删除”“分享”“复制”的操作选项。图 2

移动笔刷组：单击并长按某个笔刷组，几秒后即可随意拖动位置。

重命名：更改笔刷组名称，可以更好地管理“画笔库”。但 Procreate 系统自带的笔刷组名称不可更改。

删除：可以删除不想要的画笔组或笔刷，但不能删除 Procreate 系统自带笔刷组和笔刷。图 3

分享：单击笔刷组名称，弹出“分享”按钮，单击分享笔刷组。

复制笔刷组：单击笔刷组名称，会自动弹出“复制”按钮。

分享 / 复制 / 删除笔刷：单击笔刷并右滑，弹出“分享”“复制”“删除”选项。这些功能只能针对单一笔刷。图 4

图 2 新建笔刷组

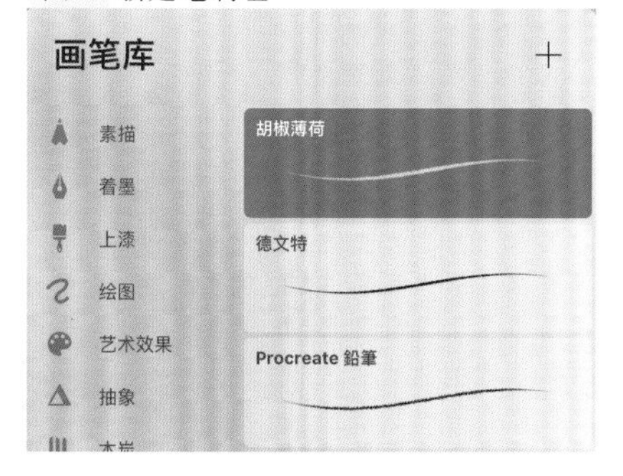

图 3 笔刷组弹出窗口

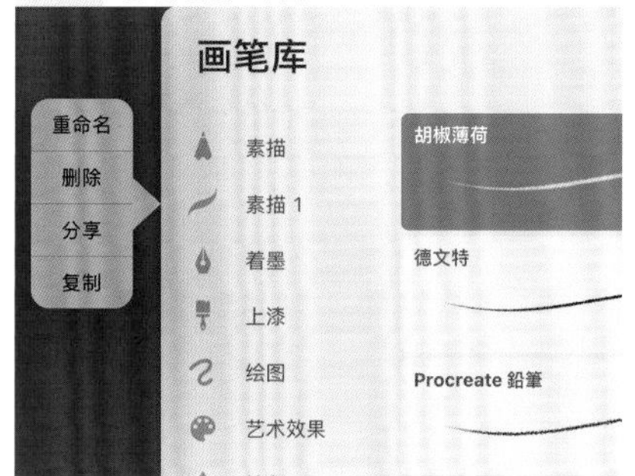

图 4 单击并右滑弹出选项

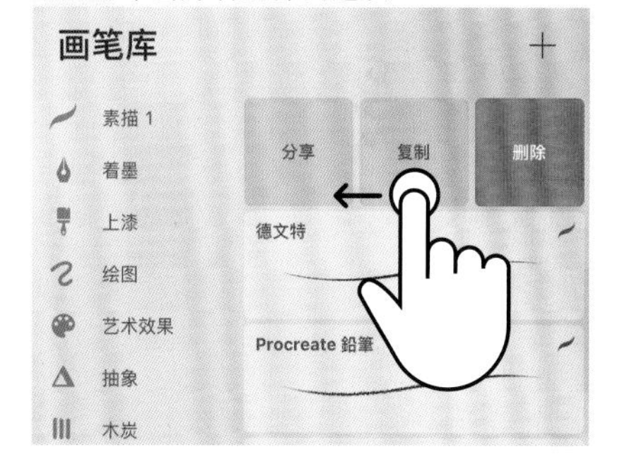

02 创造自己的笔刷

“画笔工作室”面板为所有笔刷提供各种设置，用户通过不同的设置可以创造出自己的独有笔刷。“画笔工作室”面板分为设置、属性参数、绘图板三个部分。了解完这三个部分，我们就可以尝试创造自己的笔刷啦！图 5

图 5 “画笔工作室”面板

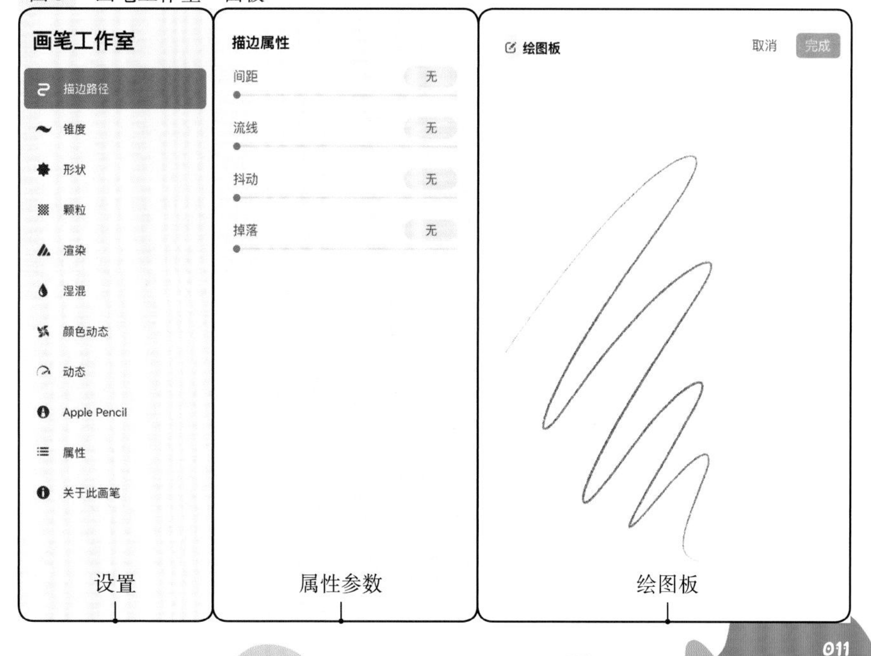

1. 自定义笔刷

“画笔工作室”面板最左边的选项列表中有七种属性，每个属性都有具体的设置类别，类别中不同的设置可以调整笔刷的具体属性；最右边的绘图板是笔刷预览窗口，可以实时预览调整的笔刷变化。

描边属性：可以调整画笔路径与画笔“形状”的排布规则。图 6 间距——调整画笔疏密；流线——决定笔刷平滑度；抖动——决定“形状”的随机变量；掉落——可让笔刷尾端渐隐。

图 6 “描边属性”设置

锥度：调整笔刷起始与结尾的锥形效果。调整数据——可以创建出真实的毛笔或铅笔书写感。“压力锥度”滑块——可以直观观察笔刷起始端和结尾端的锥度范围；尺寸——控制锥度由粗变细的渐变过程；不透明度——将笔刷尾端锥度淡出至透明；压力——决定笔刷锥度受 Apple Pencil 压感的影响程度；尖端——调低时，锥度尖端可以变得更细；尖端动画——为笔画增加额外锥度；触摸锥度——是为使用手指绘画时设置的锥度变量，具体功能分类和上面的压力锥度基本相似。图 7

形状：画笔是由形状与颗粒（纹理）组合而成，改变形状的来源图就彻底改变了画笔的形态。单击“形状来源”右侧的“编辑”按钮，可以替换形状。不同的形状除了会改变画笔形态，还会改变画笔边缘效果和一些纹理效果。

“形状来源”下的属性值：散布——决定每个形状随机旋转的程度；旋转——决定每个形状描画方向的旋转程度；个数——决定图形叠加的形状数；个数抖动——决定个数的随机量。其他非重点属性，用户可尝试点选并观察笔刷的变化来了解。图 8

颗粒：即画笔中的纹理效果。在具体设置中，颗粒编辑器中的“资源库”有系统自带的 100 多种纹理可供选择。能够改变颗粒的是“动态”与“纹理化”这两种不同排布模式。图 9 在“动态”模式下，颗粒会跟随笔画一起移动；在“纹理化”模式下，颗粒就像背景一样，不会因为笔画拖动和位置改变产生变化。这两种模式下的具体属性，用户可以尝试点选，观察细微变化。

图 7 调整笔刷的锥形效果

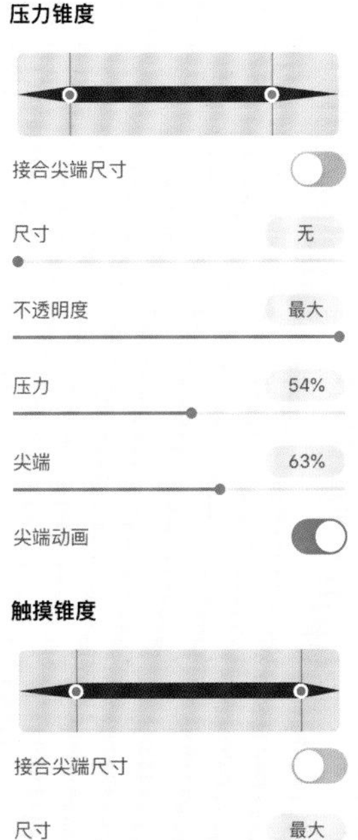

图 8 设置画笔形状

图 9 调整画笔的纹理效果

渲染：改变笔刷在画布上的绘画效果，比如让笔刷色彩变得更通透或者更浓重。

“渲染模式”下的几种参数为：流程——可以调整画笔在画布上的颜色和材质透明度；湿边——可以让画笔边缘柔和，像被水浸染一样；烧边——让画笔边缘清晰；烧边模式——可以改变画笔边缘的混合模式；混合模式——改变整个画笔的混合模式；亮度混合——开启则影响笔刷的亮度值。每个功能下面都有子功能，需要多多尝试。图 10

湿混：可以调整笔刷互动方式、颜料稀释或混合颜色，通常用于创造水彩类笔刷。图 11

稀释——设置画笔颜料混合的水分多少；支付——决定了画笔起笔时的色彩浓度；攻击——调节颜料在画布上的显色浓度；拖拉长度——决定了画笔色彩覆盖先前颜色的强度；等级——决定了描边的纹理感厚重度和对比度；湿度抖动——决定了颜料和水的比例随机量。

颜色动态：让笔刷随机变化颜色、饱和度或明度。图 12

图章颜色抖动——可以设置色相、饱和度、亮度、暗度和辅助颜色，每个笔刷形状中的随机变化程度，可以让笔刷多种颜色变换；描边颜色抖动——和上一个功能类似，同样是五个数值随机变化的设置，但在描绘时，抖动将会改变整个笔画的色彩属性；颜色压力——除了没有暗度和辅助颜色两个参数外，和之前的设置一样，使用 Apple Pencil 时压力会决定在画布上画出的颜色；颜色倾斜——同上，是对 Apple Pencil 倾斜与数值变化幅度的关联设置。

图 10　渲染模式

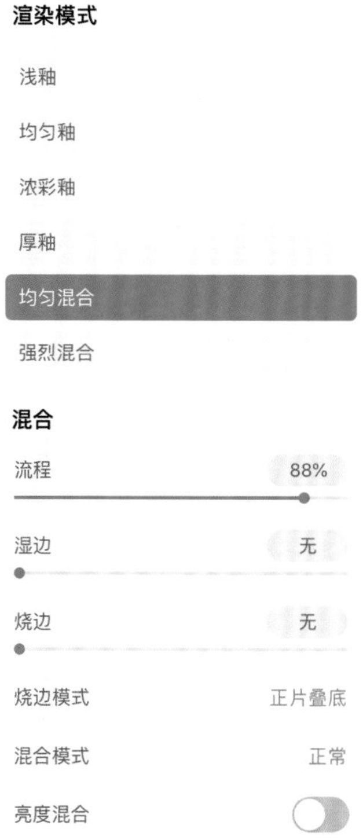

渲染模式
浅釉
均匀釉
浓彩釉
厚釉
均匀混合
强烈混合
混合
流程 88%
湿边 无
烧边 无
烧边模式 正片叠底
混合模式 正常
亮度混合

图 11　设置水彩笔刷效果

湿混
稀释 无
支付 已禁用
攻击 无
拖拉长度 50%
等级 0%
湿度抖动 无

图 12　颜色动态设置

图章颜色抖动
色相 无
饱和度 无
亮度 无
暗度 无
辅助颜色 无
描边颜色抖动
色相 无
饱和度 无
亮度 无
暗度 无
辅助颜色 无
色相 0%
饱和度 0%
亮度 0%
辅助颜色 无

动态：让笔刷依照下笔的速度有着动态变化。图 13

速度——根据笔刷的描绘速度来改变画笔大小，数值向右调，越高速度，画笔越细，反之越粗；不透明度——根据笔刷描绘速度来改变画笔透明度，和上一个选项功能一致；尺寸——可以在描绘时随机改变形状的大小；不透明度——在描绘时随机改变形状的透明度。

Apple Pencil：可以调节 Apple Pencil 的压力和倾斜度。图 14

尺寸——调整画笔大小；不透明度——调整画笔透明度；流程——调整色彩浓度；渗流——调整描边边缘；响应——调整 Apple Pencil 对压力变化的反应速度。倾斜——用于调整 Apple Pencil 倾斜角度的触发角度。尺寸压缩开启后，画笔纹理将不会因为笔刷大小变化而变化。

属性：为画笔增添预览外观。图 15

使用图章预览——开启后，画笔在画笔库中的预览仅显示形状图；对准屏幕——开启后，画笔的上下方向将会以屏幕为准；预览——调整画笔库中笔刷预览图的大小；涂抹——调整涂抹工具的压力控制。画笔行为中的最大 / 最小尺寸用于调整笔刷大小的上限 / 下限；最大 / 最小透明度用于调整笔刷不透明度的上限 / 下限。

图 13 速度与抖动设置

图 14 压力和倾斜度设置

图 15 画笔外观预览

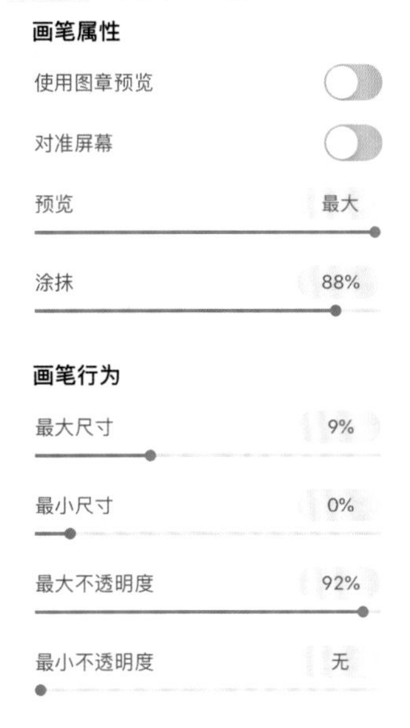

关于此画笔：Procreate 更新后的新增功能，为自定义的画笔添加头像，让用户的画笔保有数字版权。

签上名字、附上头像以及手写签名后，这些信息将与用户的 .brush 文件绑定编码，让所有在 Procreate 中载入该笔刷的使用者都能在“关于此画笔”中看到。图 16

图 16 关于此画笔

2. 混制笔刷

可以将两支含有不同画笔形状与颗粒的笔刷合二为一，利用变化莫测的混合功能创造出更加新奇的笔刷。

创建：点选第一支笔刷为当前主要笔刷（该笔刷会蓝色高亮显示），再右滑选定次要笔刷（该笔刷会以深蓝色显示）。此时笔刷界面右上方出现“组合”字样，单击后两支笔刷组合为一支新笔刷。 图 17

编辑：单击混制的笔刷，进入“画笔工作室”。左上方显示“混制笔刷”中的两支笔刷预览图，两支笔刷可独立编辑。 图 18

合并模式：单击任一笔刷预览图，会展开合并模式面板。默认设置下，合并模式为正常，单击字样打开“合并模式”列表。

取消组合：单击任一笔刷预览图 > 单击任一展开面板 > 单击预览图 > 单击“取消组合”按钮。

图 17　组合笔刷

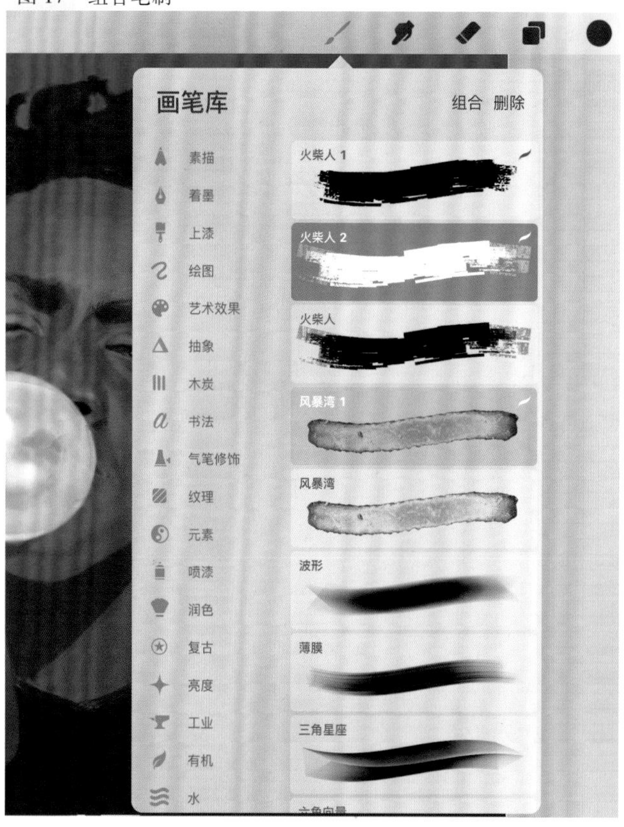

图 18　混制笔刷界面

小贴士

关于混制笔刷

混制笔刷需在同一个笔刷组才可以组合。
Procreate 自带默认笔刷无法组合，但用户可以复制系统自带笔刷后组合复制的版本。

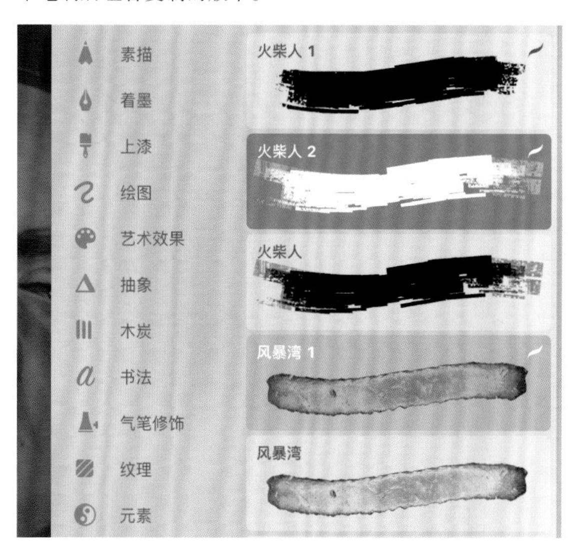

03 导入与分享

导入、导出笔刷，可以方便与他人分享并收获更多的笔刷。

导入笔刷：如果我们的 .procreate、.abr 文件在线上或邮件中，在文件上右击，会看到可导入至 Procreate 的选项。单击后笔刷会自动导入 Procreate 内。图 19

导出笔刷：除了基础分享外，用分屏拖曳的方式亦可以迅速分享笔刷。单击并长按一支笔刷拾起，接着将笔刷拖曳至任一相容应用中。若想一次性导出多支笔刷，首先单击并长按一支笔刷拾起，接着用另一根手指点选其他笔刷来加入堆叠拖曳至任一相容应用中。

图 19　Procreate 可导入 .brush 格式笔刷和 Adobe Photoshop (.ABR) 格式笔刷。拖曳方式可以方便地导入或导出，并不局限一种模式

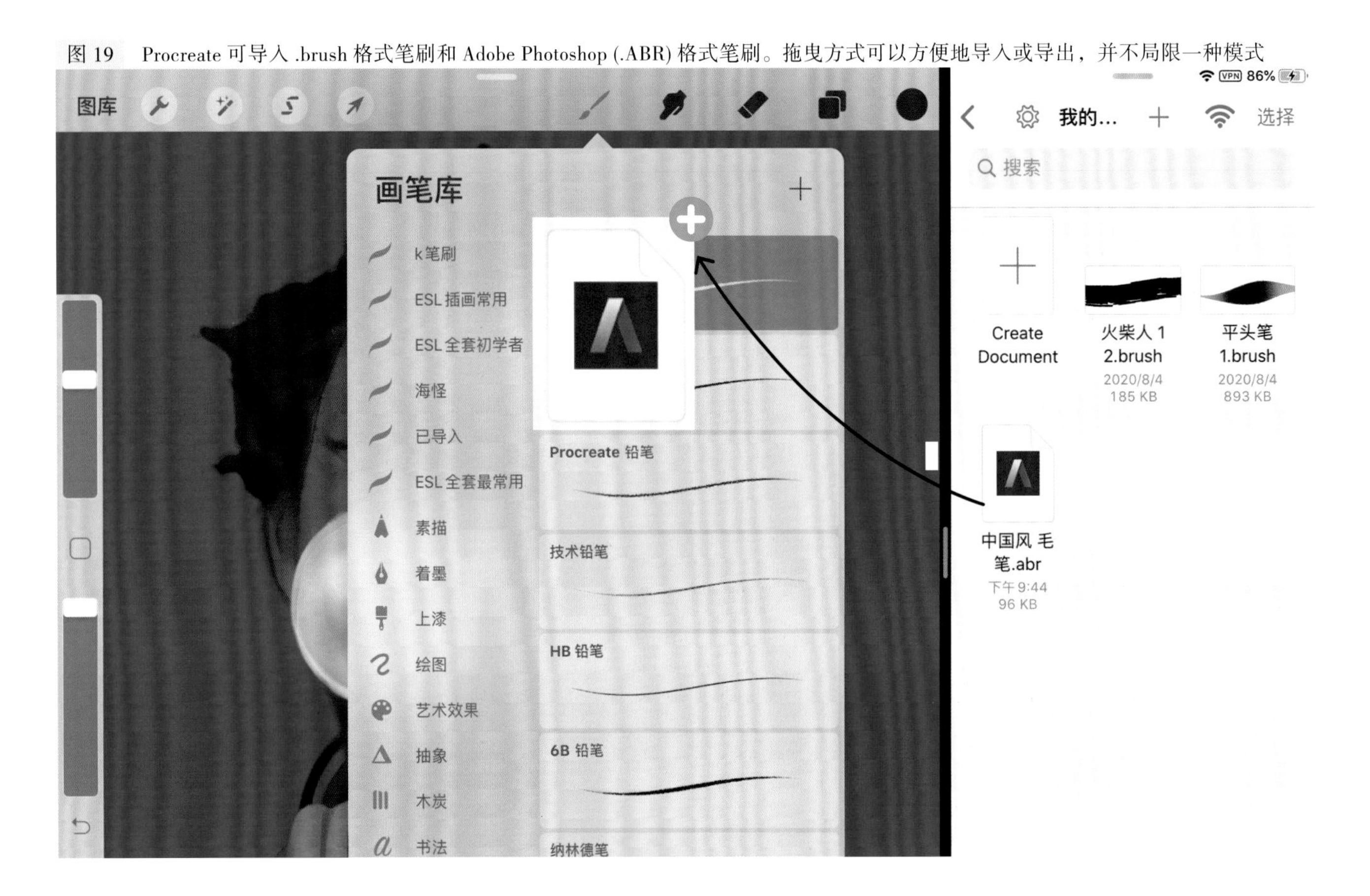

小贴士

渐变

如果需要创建渐变效果，可以通过大尺寸的喷枪做到这一点。用软画笔放大到满意的尺寸，画笔透明度也尽量降低，轻轻地多次绘制颜色的过渡处，直到满意为止。

色彩

Procreate 的画板中提供五种不同的调色界面来配合用户的创作，包括环形色盘、经典选色器、色彩调和、值和调色板。它们建立在不同的色彩逻辑之上，用户可以根据自己的喜好取色，也可以导入别人的经典配色案例。通过这部分内容的学习，会发现 Procreate 的调色系统能够帮助用户更快、更精确地选出合适的颜色。

在本章中，你将：

- ✓ 学会环形色盘、经典选色器、色彩调和、值的使用方法
- ✓ 可以创建、修改自己的调色板
- ✓ 了解如何导入调色板
- ✓ 知道 Procreate 支持的色彩模式

01 色彩面板

单击画板界面右上角的●图标，可看到完整的色彩面板，其中包含以下参数。图 1

色彩按钮：显示当前选中的颜色，长按可以切换当前选定的颜色和上一个使用的颜色。

主要颜色 / 次要颜色：显示当前选中的主要颜色和次要颜色，用于画笔属性中颜色动态设置，使画笔每一笔产生颜色变化。

色彩历史：显示最近使用过的十种颜色。单击“清除”按钮，可删除所有色彩历史。

默认调色板：显示系统默认的一套配色方案，用户可以在调色板面板中变更它。

此外，还有最重要的**环形色盘**、**经典选色器**、**色彩调和**、**值**、**调色板**按钮，接下来将详细介绍它们的使用方式。

图 1　按住色彩面板上方灰色长条，可将面板拖放至屏幕任意位置。面板将始终显示，方便快速选色

小贴士

色彩快填

拖曳色彩按钮至画布上任意闭合区域并释放，能快速填充该区域。如果觉得填充不完美，可以拖曳颜色后不松手，稍等片刻，屏幕上方会出现“色彩快填阈值”长条，向左或右滑动手指，利用“色彩快填阈值”调整填充的范围。

02 调色界面

1. 环形色盘

环形色盘是很多主流插画软件经常采用的取色方式，非常简单易用，适合任何水平的创作者。

色盘由展示色相的外圈和展示饱和度、亮度的内圈组成。 图 2

基础选色： 用户可以先在外圈选择自己需要的底色，然后在内圈调整该颜色的亮度、暗度、饱和度。

精确调整： 双指捏住可放大内部的饱和度色环，方便更精细地调整颜色。

自动快选： 在饱和度色环上轻点两下，可获得与当前颜色最相近的“完美”颜色，例如：纯白、纯黑、中灰色、全饱和度色、半饱和度色。

2. 经典选色器

如果用户已经有数位绘图的经验，相信对这种选色器非常熟悉。经典选色器由方形的选色区域和三条滑块组成，可以非常直观地展示任意一种纯色的色域。 图 3

基础选色： 在方形颜色区域中选择颜色，用下方的三条滑块调整色调、饱和度和亮度。

选择纯色： 使用方形选色器的好处是它的四个角分别是白色、黑色、纯色，用户可以快速地进行选择。

图 2 由外圈和内圈组成的色盘

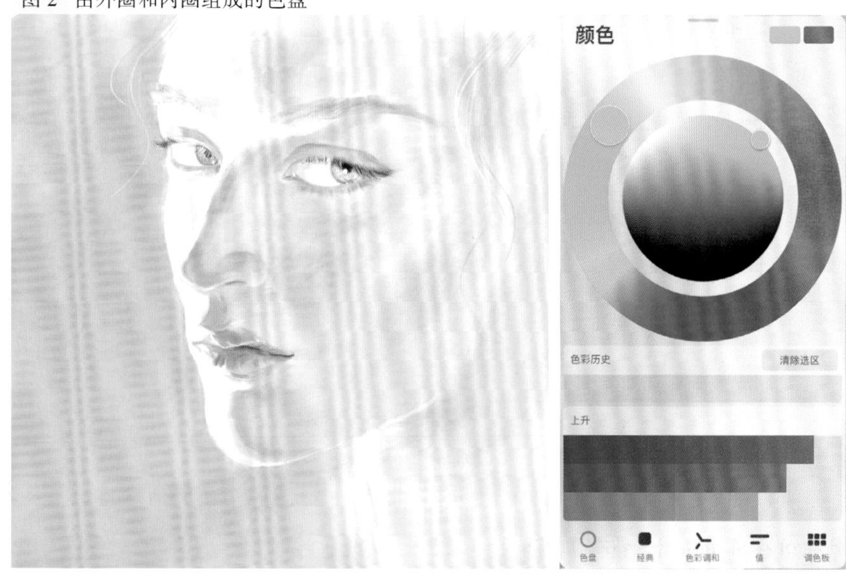

图 3 在选取同一色调下不同深浅的颜色时，经典选色器更加一目了然

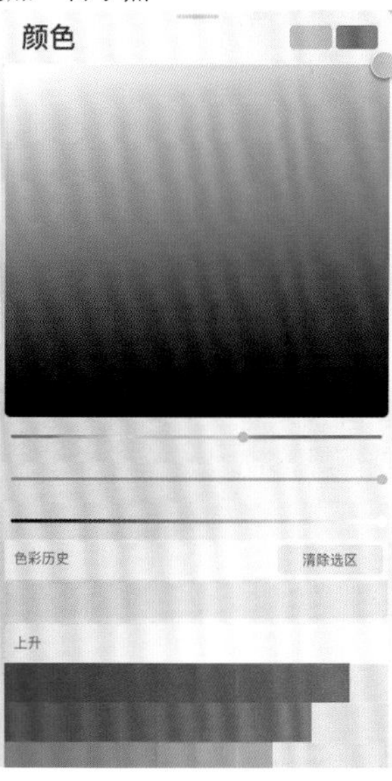

小贴士

吸色工具

在画布上任意一点长按，可以唤出吸色工具。圆环上半部分为吸取的新色，下半部分为当前颜色。用户可以按住自由拖动直到选出想要的颜色，新颜色会在放开手指时自动选定。

3. 色彩调和

色彩调和是 Procreate 新增加的调色模式。图 4 它将色相和饱和度结合为一个色盘显示。越靠近边缘，颜色饱和度越高；越靠近中心，饱和度越低。下方有一条控制亮度的滑块。

基础选色：直接单击选择喜欢的颜色，然后通过亮度滑块调整颜色的亮度。

小标圈：选色时，用户会发现界面中还有 1~4 个选色圈会跟随手指转动，这是 Procreate 提供的选色辅助功能，用户可在界面左上角选择以下模式。

- 互补
- 补色分割 图 5
- 近似
- 三等分
- 矩形 图 6

图 4 色彩调和调色模式

图 5 补色分割：自动选择当前颜色的两种次互补色。相对于互补色，次互补色对比较为协调柔和

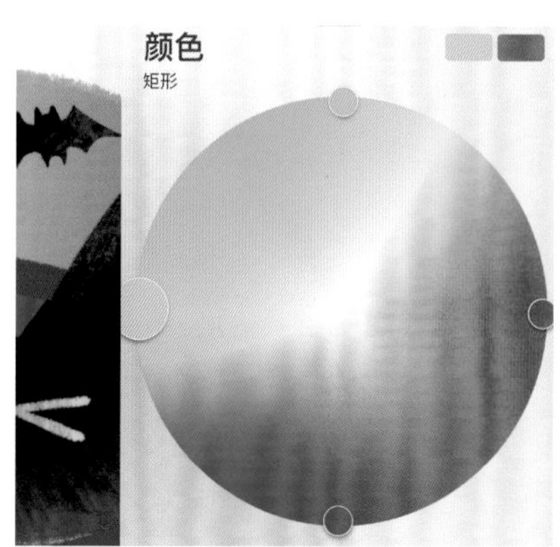

图 6 矩形：依照正方形对角线自动选择四种颜色，四种颜色搭配视觉效果强烈

图 7 “值”色彩取样模式

4. 值

“值”色彩取样模式用于印刷、标志设计、用户界面设计等需要精确色彩取样的情况下，通过调整两组滑块可获得精准的色彩。图 7

HSB：三条滑块分别代表色相、饱和度和亮度，与经典选色器类似，但是右侧添加了可以直接输入数值的数值框。饱和度数值越大，颜色越艳丽；亮度数值越大，颜色越亮。

RGB：因为电子屏的显色原理，三条滑块分别代表了数位绘画中的红、绿、蓝三原色。用户可以直接输入数值调整颜色。当三个滑块数值都为 0 时显示纯黑色，都为 255 时显示纯白色。

5. 调色板

在调色板中，用户可以看到一组组方形色卡。图 8 这种模式并不是选色器，而是用于保存喜欢的颜色搭配、提供更便捷的工作环境。根据需要，用户可以对调色板进行以下操作。

创建色卡：各个色彩面板底部都默认显示调色板色卡，选中任意颜色轻点空白格，就能将颜色存进色卡中。如果没有空白处，长按任意格子就可以删除或替换该格子原本的颜色。

使用色卡：色卡右上角会有“默认”按钮，选中的色卡会在每个色彩面板显示。

编辑色卡：通过长按可以删除不需要的色卡；拖曳可以改变色卡的位置和分组。

编辑分组：单击调色板界面右上角的加号按钮，可以新建分组。向左滑动，还可以分享或删除该分组。通过拖曳丢放，用户可以把朋友分享的分组加载到自己的 Procreate 中，这与画笔的导入和分享操作是一样的。

图 8　调色板中的方形色卡组

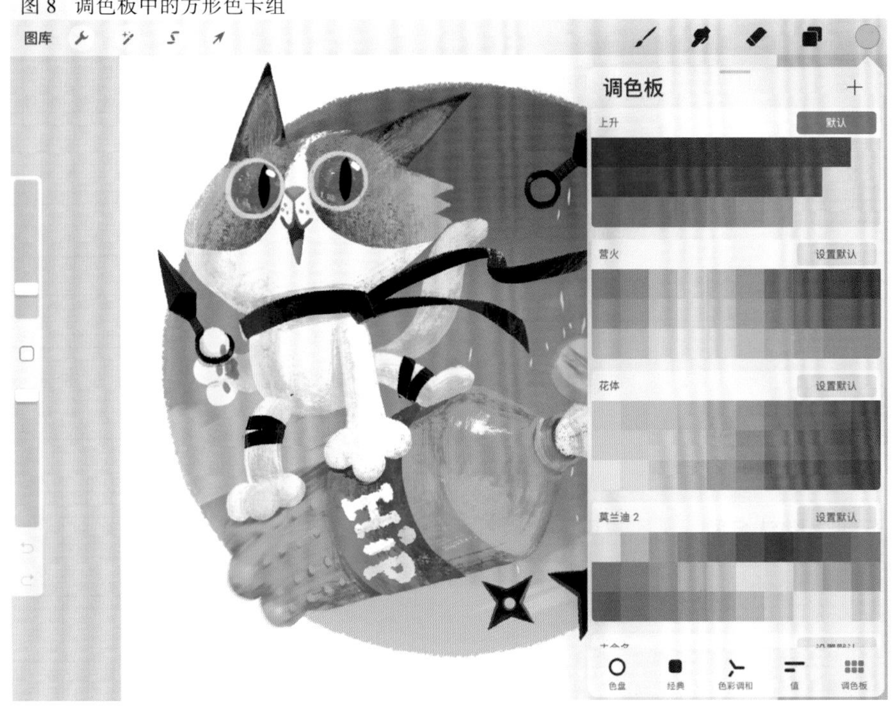

小贴士

校准颜色的技巧

颜色的编程代码，通用于各种软件编程、印刷参数。如果用户有色卡，可以将选定颜色的十六进制码直接输入方框，获得指定的颜色，也方便与客户、朋友之间分享颜色，减少显示器造成的差异。

图层

图层是绘画软件中最常用的功能之一，可以把绘画元素分别堆叠在不同的透明图层上，方便分别编辑、修改或移动。每个图层可以执行不同任务，极大地方便了创作过程。

在本章中，你将：

- 学习如何新建图层
- 了解图层选项
- 学会关于图层的一些快捷手势
- 了解不同混合模式的应用
- 学会使用蒙版功能

01 界面

图层菜单按钮： 在“图层”面板右上角橡皮功能按钮的右侧就是“图层”菜单按钮，单击可以呼唤图层按钮。

新建图层： 单击右侧的加号图标可显示“新增图层”按钮，即可新增一个图层。

图层缩略图： 可直观查看各个图层内容的预览图。

图层名称： 新建图层时，系统会给予图层默认名称，用户可以自定义图层名称。

混合模式： 混合模式能够创作出多种视觉效果。单击图层右边的英文字母，即可呼唤混合模式选项。

可见图层复选框： 单击可隐藏或显示某图层。图 1

背景颜色： 每一个绘图文件都自带一个背景颜色图层。单击背景颜色图层，可以随意选择新的背景颜色。若想要透明背景，可以取消勾选“背景颜色”图层右边的可见图层复选框来隐藏背景。

图 1 选中并长按可见图层复选框，只显示该图层内容，隐藏其他图层内容

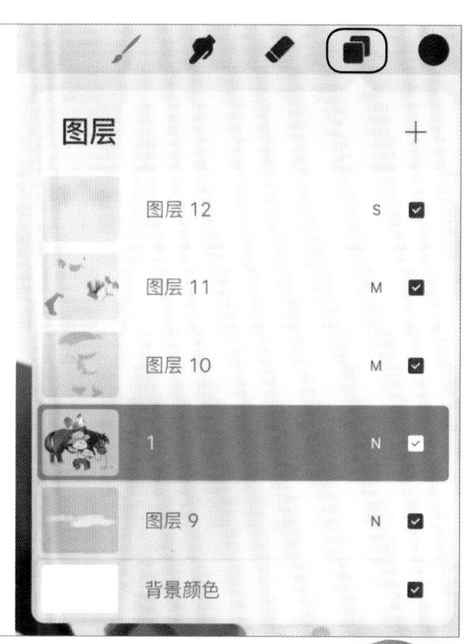

02 管理图层

前文，我们学习了软件的基本操作手势，本节将介绍图层操作中常用的几个操作手势。

新建图层组：当用户选取多个图层时，图层列表右上角会出现“组”按钮，单击即可将选定的图层合并成组。图 2

移动：单击并长按一个图层或图层组，即可移动上下顺序；放开手指，图层就会放置在新序列中。图 3

锁定：锁定图层后，图层名称旁会出现一个锁头图标。锁定图层后，该图层不能再次编辑。想要再次进行编辑，只要在该图层上向左轻滑并单击解锁即可。图 4

复制：复制图层或图层组时，图层的所有“蒙版”“混合模式”和画面都会被复制。

合并：两指合并可让多图层合并为一个图层。组内的图层合并后依然在图层组内。合并图层后，可能调整某些区域比合并之前困难，因此，合并图层要慎重。图 5

删除：删除图层后，该图层将和内容一起被删除。

图 2 拖放图层重新排列位置

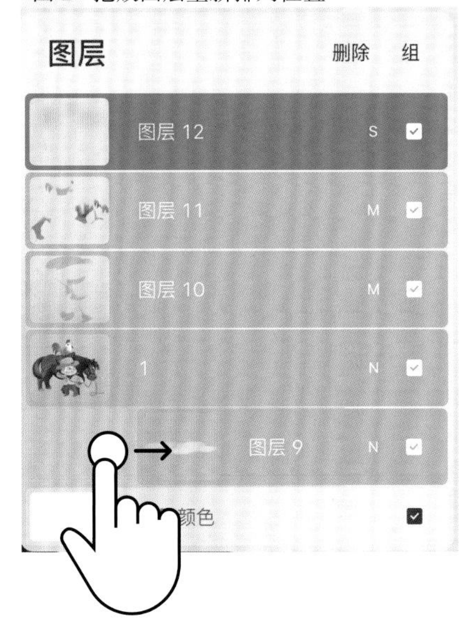

图 3 向右滑动图层，选择一个图层或多个图层，这时会出现“组”按钮

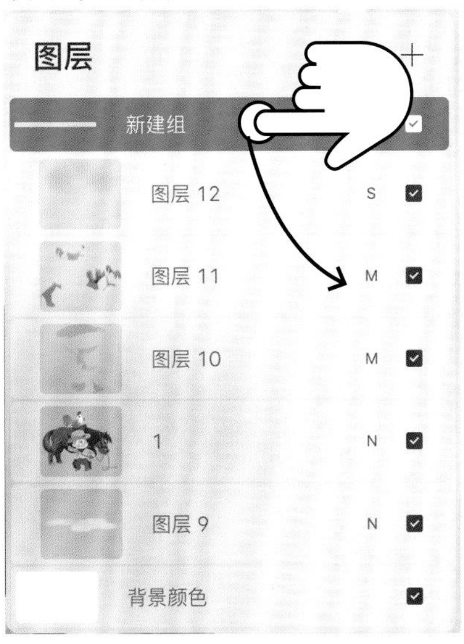

图 4 向左滑动该图层可锁定、复制或删除图层

图 5 通过两指合并来执行多图层合并操作

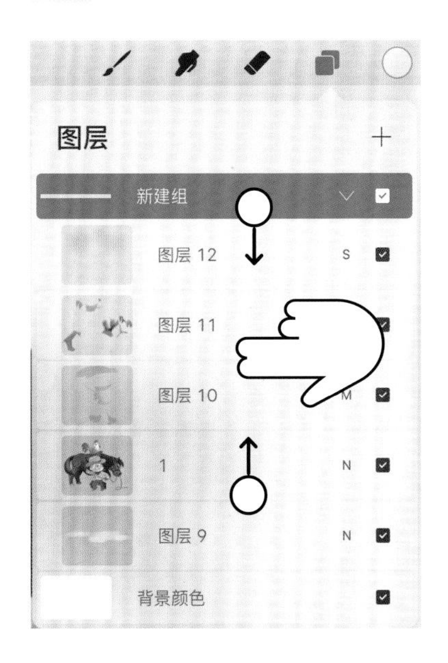

03 图层选项列表

单击图层缩略图，会弹出图层选项列表，列表中包含以下选项。图 6

重命名：新建图层时，Procreate 会自动为新建的图层命名。选择“重命名”选项，输入新的图层名称。

选择：执行该操作，可以选择图层中不透明的全部内容。当用户选择“选择”选项时，选区外的部分会动态斜对角虚线显示。

拷贝：选择“拷贝”选项，可以将当前图层粘贴到另一图层或另一画布中。

填充图层：此操作会使用当前选定颜色填充选定的整个图层，也会覆盖图层上原有的其他内容。

清除选区：这个操作会将整个图层的所有内容抹去，并将图层可见度重置为 100%。

阿尔法锁定：锁定后将会保持透明区域不受影响，而后的绘画操作只会反映在该图层上的已绘制部分。图 7 阿尔法锁定是数位绘画中非常实用的图层选项，只允许用户在图层已有内容上编辑画面，阻止用户在已有画面轮廓外绘画。

蒙版：该功能和“阿尔法锁定”相似，但它锁定的是主图层的透明度，而非自身图层的可见度。在蒙版图层上做的编辑都能在不影响主图层的情况下变更或移除。

剪辑蒙版：与“蒙版”功能类似，但它并不与特定图层绑定，以独立的不同图层存在。同时，剪辑蒙版可以与任一图层连接。

反转：每个颜色将被它的相对互补色取代。

参考：将线稿和上色稿分成不同图层，让用户可以对两者分别进行独立的操作。

向下合并：此操作会把当前图层和其正下方的图层合二为一。

向下组合：此操作会把当前图层和其下的图层组合在一个“图层组”中。

用户还可以通过快捷手势来调整图层的不透明度。要控制图层的不透明度，可以双指单击图层，在弹出的新界面中左右滑动屏幕，调整图层的整体不透明度。图 8

图 6 图层选项列表

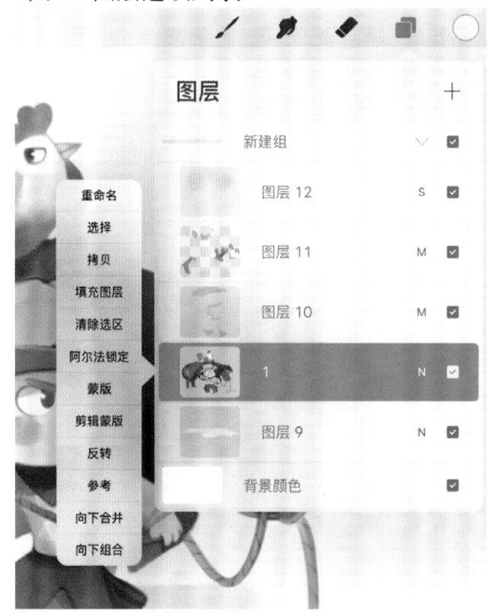

图 8 双指单击图层

图 7 绘制填充物体轮廓后，打开阿尔法锁定再绘制阴影或轮廓内的细节

04 混合模式

混合模式可以让一个图层的绘画内容覆盖其下图层的内容，让两个图层的图像和颜色透过多种模式互动出新的画面效果。单击图层上的 N 图标，即可呼唤“混合模式”列表。 图 9 N 代表图层为“正常”模式，是图层的默认状态。

打开混合模式列表，用户会在图层下方先看到不透明度控制条，不透明度会影响当前图层对下方图层的混合程度。在正常模式下，最大不透明度代表当前图层的内容会完全覆盖下方图层的内容。但在其他混合模式中，不透明度会影响不同的视觉效果。滑动调节键，即可实时调整不透明度。

图 9 混合模式列表打开后的默认状态

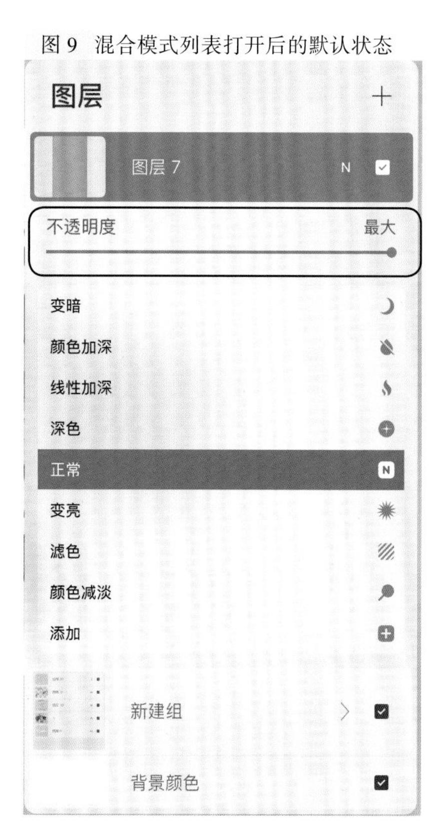

1.“变暗”模式组

包含的混合模式：正片叠底、变暗、颜色加深、线性加深和深色。 图 10

其中，“正片叠底”是最常用的图层模式，它会在混合颜色上叠加深色，整体效果会变深、变强烈，非常适合绘制阴影。纯白色在此模式下没有变化。

2.“变亮”模式组

包含的混合模式：变亮、滤色、颜色减淡、添加和浅色。 图 11

“变亮”模式正好与“变暗”模式相反，它可以让画面获得更高的明亮度，增加饱和度等混合效果。其中，“变亮”和“滤色”是常用的混合模式。

图 10 “深色”模式与正常模式效果对比

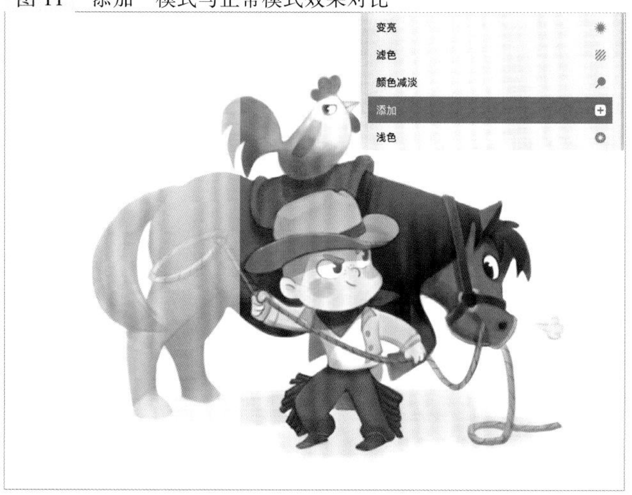

图 11 “添加”模式与正常模式效果对比

3.“饱和度”模式组

包含的混合模式：覆盖、柔光、强光、亮光、线性光、点光和实色混合。图 12

此模式如同“变暗”与“变亮”模式的结合，可为画面增加不同光效。其中，“覆盖”是最常用的模式，可以在原色彩的基础上改变色彩，方便改变画面的色调。

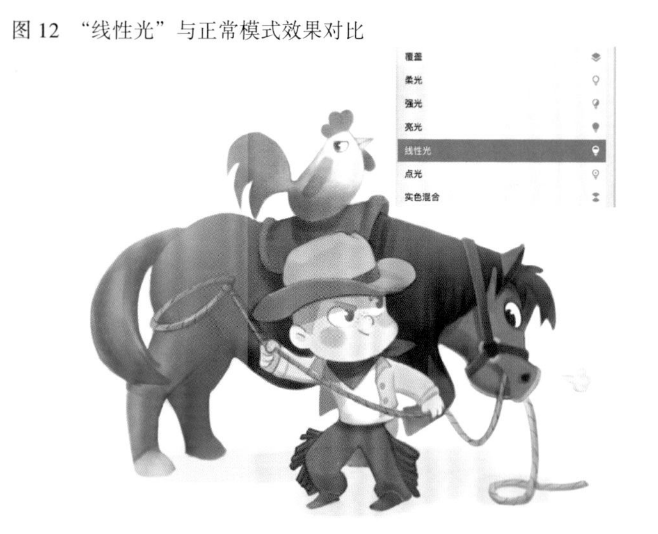

图 12 “线性光”与正常模式效果对比

4.“差值”模式组

包含的混合模式：差值、排除、减去和划分。图 13

该模式组利用原底色和混合色的差异性来创造效果，亮色反转原图层的色彩，黑色不产生任何效果，深灰色变得更暗。

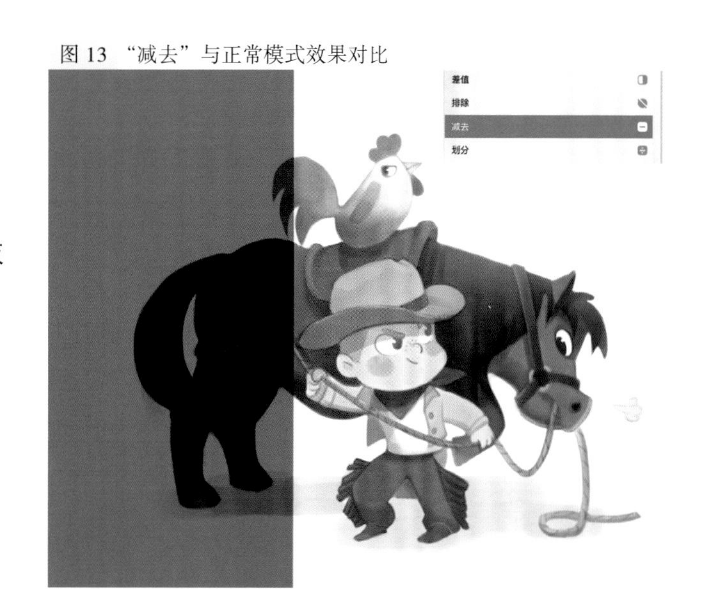

图 13 “减去”与正常模式效果对比

5.“颜色”模式组

包含的混合模式：色相、饱和度、颜色与明度。图 14

“颜色”模式组中的混合模式会影响图层与图层之间的色相、饱和度和颜色。其中“色相”和“颜色”常用于为灰度图像添加色调。用户可以试验不同的模式，看图像如何变化。

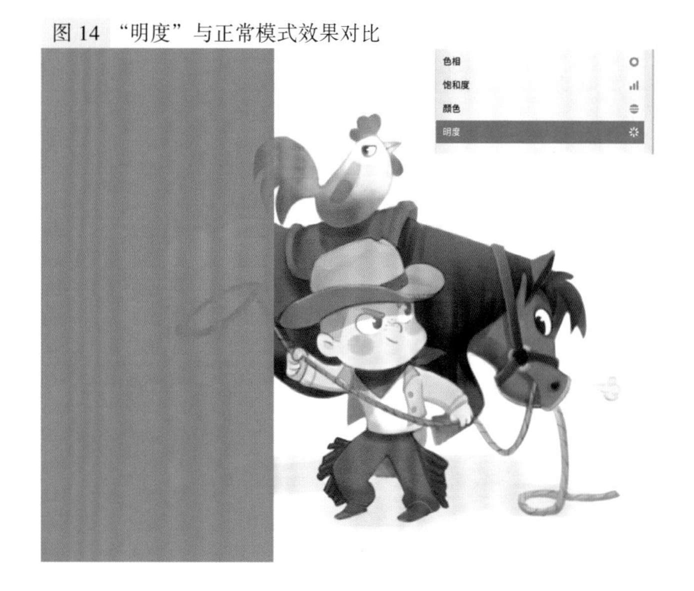

图 14 “明度”与正常模式效果对比

05 蒙版

应用图层蒙版可以隐藏或显示主图层的内容，而不需要真正擦除任何图像，还能够锁定、变形或拷贝蒙版，是一个简单但非常实用的工具。

图 15　遮罩是无损擦除的绝佳方法

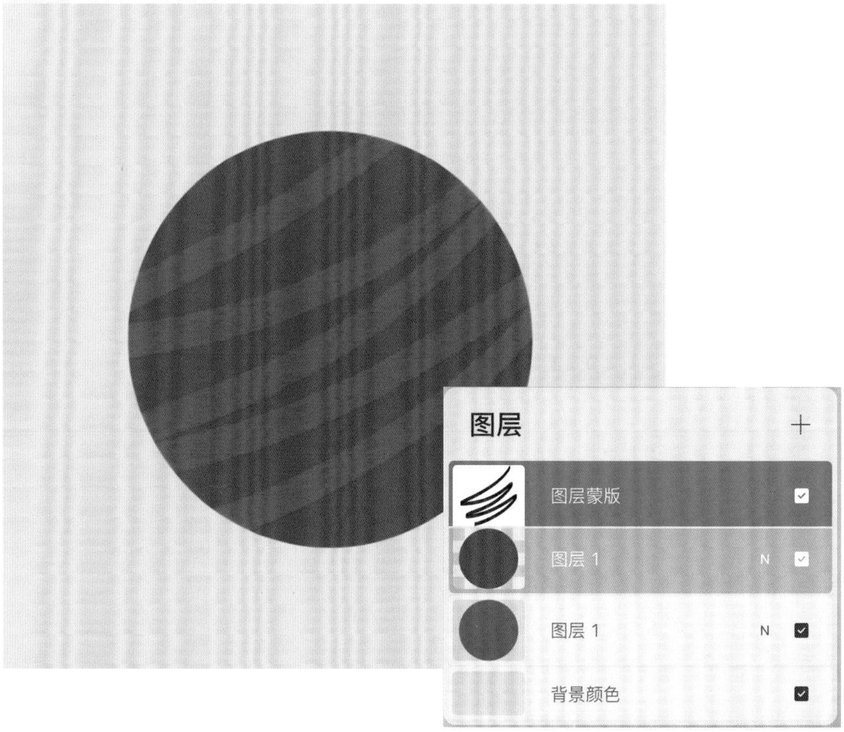

1. 图层蒙版

单击主图层唤出图层选项菜单后单击蒙版，新建的蒙版会在该图层上方显示，同时与主图层绑定。

在蒙版图层上画黑色图形，它将会把下方图层的一部分按照黑色图形隐藏。图 15

图层蒙版皆是灰阶模式。在蒙版图层上可擦除内容，或用黑色绘制以隐藏内容，白色绘制则会显示内容。蒙版功能强大，它可以在不破坏原图层的基础上做到画面修改，而不是擦除图层上的画面信息。

2. 剪辑蒙版

剪辑蒙版和蒙版功能相似。不过剪辑蒙版是一个图层内容控制另一个图层可见度。图 16

新建图层，选定“剪辑蒙版”后，该图层会变成剪辑蒙版并粘贴至下方图层。剪辑蒙版图层可通过调整、变形功能玩转剪辑图层的颜色、质感和效果。与图层蒙版不同，剪辑蒙版与它们的主图层是不绑定的，用户可以像普通图层般拾起并移动剪辑蒙版。当用户移动剪辑蒙版图层，它会自动粘贴至任一在它下方的图层中。

图 16　不管在蒙版图层上画什么，画面上仅显示圆圈内的图像，就好像在模具中绘画

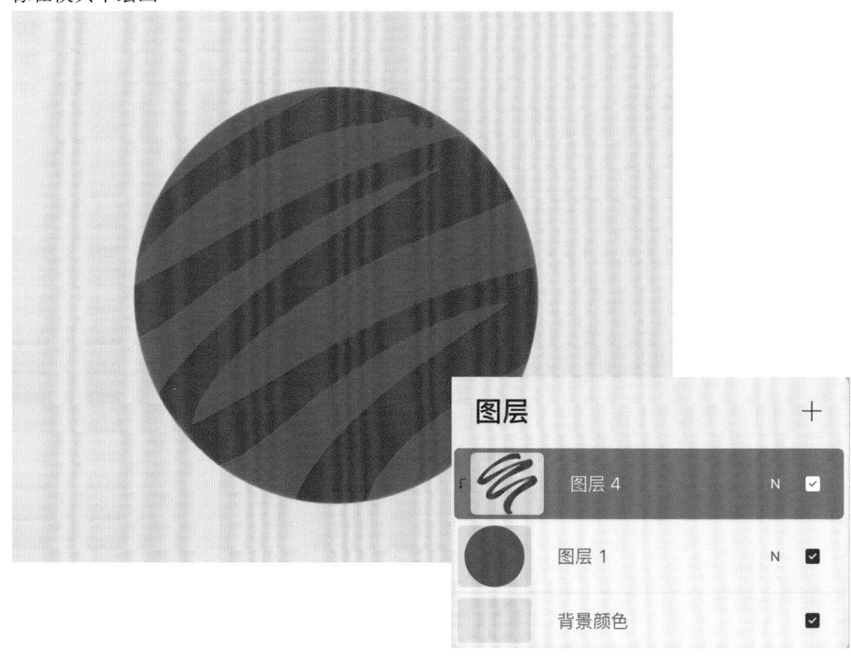

绘图指引与辅助

创作时，我们总会为复杂的透视关系而苦恼，或者在对称图绘制上希望能有更智能的辅助功能。Procreate 提供了便捷的辅助绘图、透视、对称工具。熟练掌握这些工具能提高工作效率，或者为作品带来新的启发。对于专注于工业设计的创作者，这些功能弥补了 Procreate 没有矢量绘图功能的遗憾。通过本部分内容的学习，用户的创作将更加细腻。

在本章中，你将：

- 学习 2D 网格、等大指引和对称指引的使用方法
- 学习利用透视指引建立场景的透视关系
- 学会使用绘图指引和绘图辅助功能
- 学习使用速创形状创建完美的图形

01 绘图指引

在画板界面选择“操作 > 画布 > 编辑绘图指引”选项，启用绘图指引工具。图 1

选择“编辑绘图指引”选项，可以设置绘图指引形式，或改变参考线的颜色、模式、不透明度、粗细和网格的大小。

启用辅助绘图工具，可以在绘图时使线条自动沿着辅助线的方向绘制。利用这个方式绘制场景或进行产品设计时，能够更准确地把握透视关系。这个功能也可以在“图层”面板中打开，它产生的影响只针对当前图层。

图 1 启用绘图指引工具

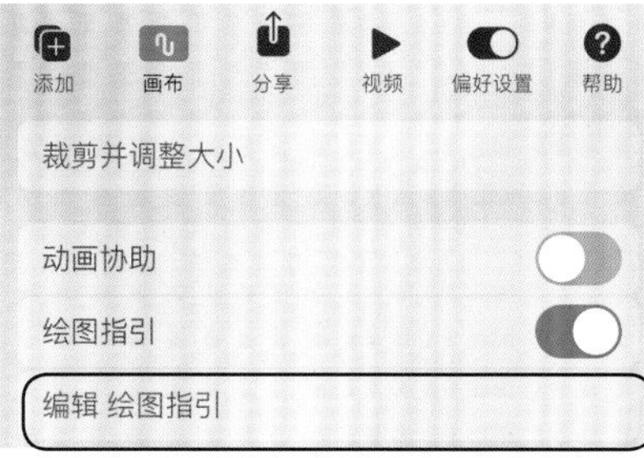

小贴士

绘图辅助

选中任意图层后，再次单击，可以在打开的菜单中找到“绘画辅助”功能。选择该功能可以使画笔轨迹沿着设置好的绘图指引画出线条，就像隐形的尺子。当然有些创作者更喜欢自己控制画笔，可以根据自己的喜好选择。

1. 2D 网格

2D 网格是等大的小方格组成的网状结构，最适合创建平面图形、设计字体、绘制角色比例。配合辅助绘图工具，能让线条完美平行。

2. “等大”指引

“等大”指引提供了等边三角形组成的网格，能形成伪立体的效果，适合工程、建筑、立体 UI 等技术制图。

3. “透视”指引

“透视”指引提供可调整的消失点和射线，帮助用户构建真实的透视关系，适合写实场景插画绘制。

蓝色的节点代表透视点，拖动它可以调整指引线的位置和角度。单击界面任意位置可以创建新的透视点，建立一点透视、两点透视、三点透视。 图 2 单击任意透视点再单击“删除”按钮，可移除该点。

图 2　一点透视：最简单的透视模式，画面中物体的透视关系向一点汇集。两点透视：垂直线平行于画面，水平线向画面中两个透视点其中之一汇集。三点透视：最贴近现实视角的透视方式，物体的所有线条向 3 个透视点汇集，是纵深感和震撼度最高的透视

4. “对称”指引

“对称”指引能帮助用户快速创建多种对称镜面的图像效果。适用于角色设计、花纹设计和图标设计。当然，在插图绘制中也会产生很好的效果。 图 3

“对称”指引模式包含以下几种：

- 垂直对称
- 水平对称
- 四象限对称
- 径向对称

以上四种模式都可以用蓝色节点移动指引线、用绿色节点旋转指引线，从而改变对称角度。

图 3　通过“对称”指引创建对称镜面的图像效果

2D 网格　等大　透视　对称
不透明度　75%　粗细度　60%　选项

02 速创形状

速创形状是 Procreate 中最具代表性的功能之一，一瞬间就能让用户将手绘线条或形状转换为比较规则的形态。当用户手绘了一条直线、弧线、折线、椭圆形、三角形和四边形，可以通过停住手指或 Apple Pencil 把它们变为完美的图形。Procreate 将自动去掉曲折不平的线条。图 4

图 4　按住不动，Procreate 会自动将随意的线条转化为直线

1. 完美图形

如果需要绘制正圆、正方形或等边三角形，在绘制完图形后不要松开手指或画笔，同时用另一只手单击画布，Procreate 将把椭圆变为正圆、四边形变为正方形、不对称三角形变为等边三角形。

绘制完图形后不要松开手指或画笔，拖动手指和画笔能改变绘制图形的大小和方向。

2. 编辑速创形状

放置好速创形状后，画布上方会显示“编辑形状”按钮。单击按钮后，可以看到形状上出现若干节点按钮。拖动节点按钮可微调该形状，拖动线条部分可等比缩放该形状。图 5　完成编辑后，单击画面任意位置即退出编辑模式。

图 5　先在画面顶部的按钮中选择想生成的形状，再通过控制节点微调形状。此功能用于绘制规则图形时会特别便捷

文本

使用 Procreate 的文本功能，可以在图像上添加文本，或对文本进行编辑和排版。善加利用文本功能，有助于字体效果的运用和平面效果设计。

在本章中，你将：

- 学习添加文本的方法
- 学习编辑文本框
- 学习如何导入字体

01 文本界面

在“操作”面板中单击“添加”选项卡，然后选择“添加文本”选项，即可在图像上添加“添加文本”文本框。图 1

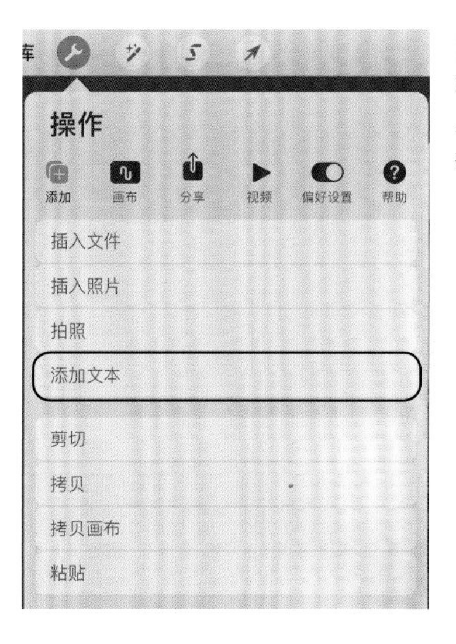

图 1 菜单下方有复制和粘贴菜单中的选项。在这里也可以用之前学习的快捷手势操作

移动文本框： 单击画布上的文本框，可以随意对其进行移动。文本为矢量格式时，可以超出画布边缘而不被裁剪移除。

缩放文本框： 拖动文本框任意一边的蓝色节点，即可放大或缩小。缩放文本框只会改变文本框的大小，不会改变框内文字的大小。图 2

图 2 单击“添加文本”文本框，会弹出屏幕键盘，输入新内容，文本框会依据内容自动延展合适的尺寸

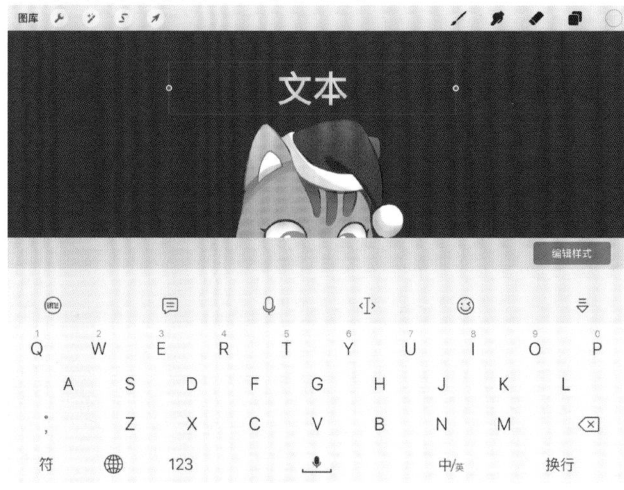

矢量文本与格式化文本： 矢量文字能在不失质量的状况下自由缩放，矢量文字图层的缩略图会显示为 A。文本格式化后才能使用 Procreate 的一些特定工具，进行变形、绘图、合并等操作。图 3

图 3 矢量文本在图层中的显示

02 编辑文本样式

编辑文本样式面板提供了四种文本编辑方式，包括字体、样式、设计和字体属性。图 4

字体：在“字体”列表中可以为文本选择字体。滑动字体清单浏览所有安装的字体，通过各个字体的名称可以预览该字体的效果。单击任意一个字体选项，即可应用在文本上。

样式：在“样式”列表中可以为字体设置不同宽度及样式，例如设置字体的斜体和粗体效果，或者特轻、细明和黑体选项。

设计：“设计”选项区域包含 6 种字体属性设置选项，其中“尺寸”参数用于调整文本框中的文字大小；“字距”参数用于调整一对字母之间的距离；“跟踪”参数类似于“字距”效果；“行距”参数用于调整段落内每行文字之间的距离；“基线”参数用于调整文本框内文字坐落的隐藏基线位置；“不透明度”参数用于调整文本的透明度。

字体属性：该选项区域中的参数可以设置文本的对齐方式或添加下画线等效果。为原字体效果 图 5 ，为编辑后的字体效果 图 6 。

图 4 编辑文本样式面板

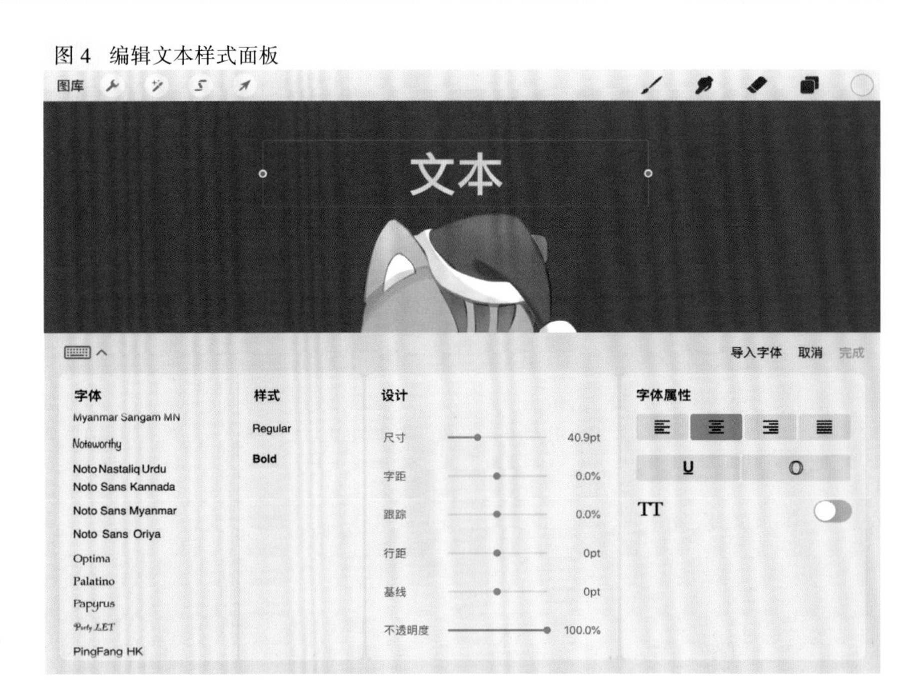

图 5 原字体效果

图 6 编辑后的字体效果

03 导入字体

Procreate 除了自带的字体，亦可导入其他字体，支持 TTC、TTF 和 OTF 格式文件。

1. 直接导入

单击编辑文本样式面板右上角的“导入字体”按钮 图 7 ，在弹出的新界面中选择存储字体的文件，单击即可导入 图 8 。

图 7 导入字体界面

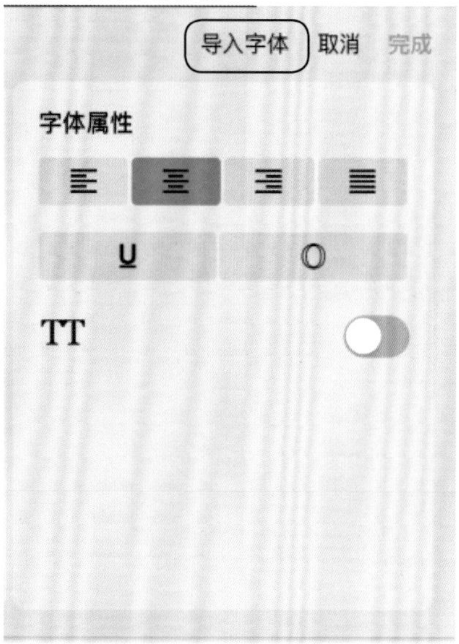

图 8 系统自动弹出窗口

2. 拖曳导入

通过分屏模式启动 iOS“文件”应用并找到字体所在文件夹，拖曳存放字体的文件至 Procreate，该字体会马上出现在字体列表中。 图 9

图 9 通过拖曳导入字体

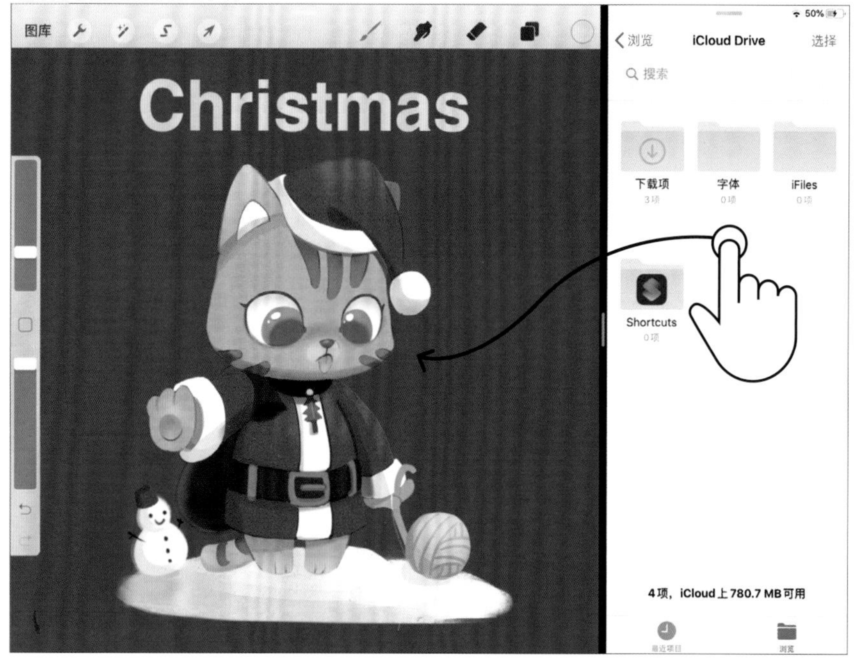

小贴士

隔空投送

如果字体文件夹存放在苹果计算机中，可以使用“隔空投送”功能将字体导入 Procreate。首先确认苹果计算机和 iPad 的隔空投送功能皆启用。在计算机上打开“访达”并找到字体文件夹，选定一个或多个字体文件，然后选择“文件”——“分享”——“隔空投送”命令，并从列表中选定 iPad。一个视窗跳出并询问打开文件的位置，从清单中选择 Procreate，字体文件即会出现在“编辑字体”界面的字体列表中。

选取工具

Procreate 提供的选取工具毫不逊色于其他绘图软件，包含四种多功能选取工具和一系列高阶选项。学习本部分内容可以更灵活自由地控制调节图像各部分，提高工作效率。使用选取工具可以在作品上独立针对某特定部分进行一系列编辑，而不影响其他部分，从而对选取区域尽情进行绘画、涂抹、使用橡皮、填充上色、变形等操作。

在本章中，你将：

- ✓ 学习自动、手绘、矩形和椭圆四种选取模式的使用方法
- ✓ 学会使用高阶选取创建复杂的选区
- ✓ 学习对选取对象进行编辑
- ✓ 掌握选取工具中手势的快捷应用

01 自动选择

自动选择模式通过单指触摸，让用户瞬间选取颜色相同的区域。图 1 、图 2 它的运算规律是基于颜色的变化。如果想扩大选取范围，单击并长按呼唤“选区阈值”，此时向右滑动手指，能扩大选取阈值。如果想缩小范围则向左滑动。选择时，被选中的区域会以相对色显示。例如，选取了一块红色区域，该选区会显示为绿色。这时单击画笔或其他工具，未被选中的区域会以斜线蒙版覆盖。

自动选择功能对于从已经合并的图层中选出颜色对比很强的部分非常快捷。在移动办公的时候用它改变证件照片的底色也是代替 Photoshop 的好办法。

不过这种模式并不是特别精细、灵活，用户可以结合其他选择模式一起使用，获得更加精准的选区。

图 1　自动选择功能

图 2　抠出背景中的人物

02 手绘选择

手绘模式是自由度最高的选取模式。在该模式下，我们可以用手指和Apple Pencil直接在指定区域手绘描线，或用单击的方式创建多边形选区，也可以结合两种方式创建更复杂的选区形状。像平时绘画的手法一样，在屏幕上直接描绘虚线框。不用担心放开手指或 Apple Pencil，接着描线继续创造虚线框直到闭合。如果虚线框未闭合，Procreate 会自动直线连接选曲线的起始点和结束点形成选区。图 3 在选取工具模式中，同样可以使用 Procreate 的导航手势来缩放、调节远近或旋转画布。如果想选择的形状是由直线条组成的，可以单击屏幕来创建节点。Procreate 会自动用直线连接节点，创造有棱有角的多边形选区。图 4

图 3 画面中选中区域以外的部分会被斜线蒙版覆盖。蒙版的深浅可以修改

图 4 创建的选区

03 矩形和椭圆选择

如果需要规则的选区形状，可以创建矩形和椭圆选区。单击拖曳选框，可以选择任意大小。图 5 需要正圆或正方形时，则在拖曳出虚线选框后不要松开，用另一只手单击选中的部分，将自动变为正圆或正方形。图 6

图 5 框选正圆选区

图 6 创建正圆选区

04 选取功能

执行“选取”操作后，之前面板中灰色的几个按钮现在可以进行操作了，包含了以下几种有用的功能。

添加：在已选取的区域外添加更多选区，创造复杂的选区形状。

移除：可以减去当前选区的一部分。图 7

反转：单击可选中除当前选区以外的部分，再次单击可再次翻转回去。

拷贝并粘贴：单击可以将当前选区的图层内容拷贝并粘贴到新的图层。

羽化：默认设置为清晰边缘，“羽化”参数可以设置柔化的效果。图 8 选取图片后，单击“羽化”滑块，调整边缘柔化强度，设置为 0% 时，物体边缘清晰无比，数值越高选区的边缘就越柔和。

图 7 利用“移除”功能可以创建更加复杂的选区

储存并加载：可以将需要重复使用的选区保存下来，并在需要时随时读取。

清除选区：单击“清除选区”按钮，可以删除当下选区。

重新载入上一个选区：单击并长按选取工具按钮，重新载入上一次使用的选区，对选区继续编辑。

选取图层内容：单击任意图层来呼唤图层选项菜单，再单击“选择”按钮，就会选取该图层上的所有绘画内容。想要调整该选区，可以单击并长按“选取”工具按钮，重载蒙版并呼唤选取工具栏。图层选取功能遵循该图层的不透明度设置，并只会选取该图层内有绘画或粘贴图像的部分。

图 8 羽化时，斜线蒙版也会显示为渐变效果，代表羽化的程度

变形工具

变形工具可以延展、翻转，任意操控改变物体形态，单击左上方工具栏的箭头图标即可访问。

与选区工具类似，变形工具也有几种模式和选项，其中包含自由变换、等比、扭曲和弯曲四大类。

在本章中，你将：

- ✓ 学习进行自由变换与等比变形操作
- ✓ 学习进行扭曲与弯曲操作
- ✓ 了解其他的变形工具参数

01 自由变换

“自由变换”工具可以在维持物体比例的情况下自由延展或挤压。

创建一个物体，选择自由变换工具后，物体周围会出现虚线边界框。虚线框上的蓝点可以改变物体形状，绿点则用于旋转物体。单击虚线框任意一角的蓝点，可以同时改变物体的宽度和高度。对比效果（见 图1 、 图2 ）如果单击磁性按钮，则可以等比例挤压或拉伸物体。

图 1　自由变换前

图 2　自由变换后

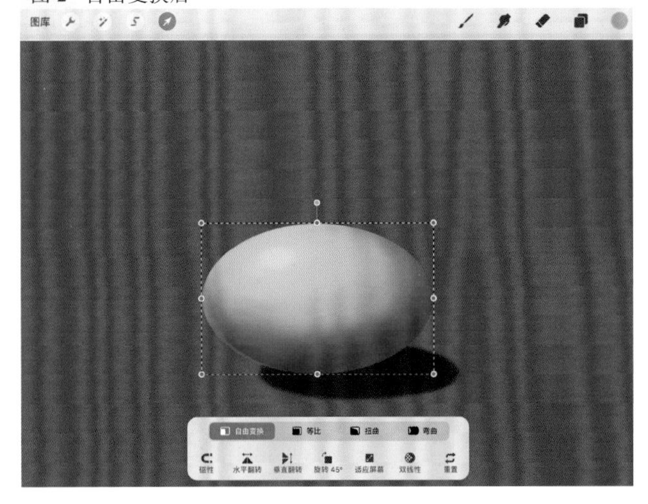

02 等比

选择“等比变形”工具，物体将在保持原比例的状态下流畅地移动、缩放并旋转。（对比效果见 图3 、 图4 ）等比变形和自由变换工具用途不一样，在创作中，我们可以按照实际需求选择等比变形或自由变换工具。

图 3　等比变形前

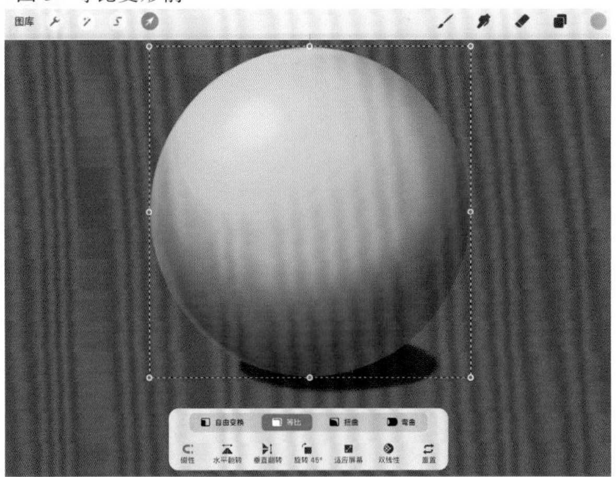

图 4　等比变形后

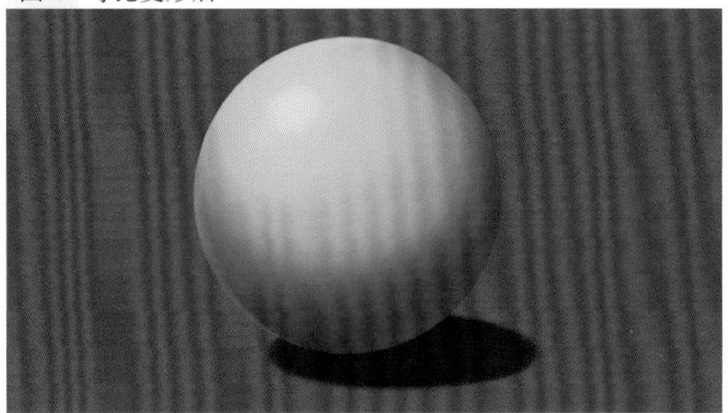

03 扭曲

扭曲变形可以让物体解除视觉约束，创作出逼真的3D立体效果视角。“扭曲”虚线边界框上的任意蓝点都可以单独移动进行变形，不被任何比例限制。（对比效果见 图5 、图6 ）

图5 扭曲变形前

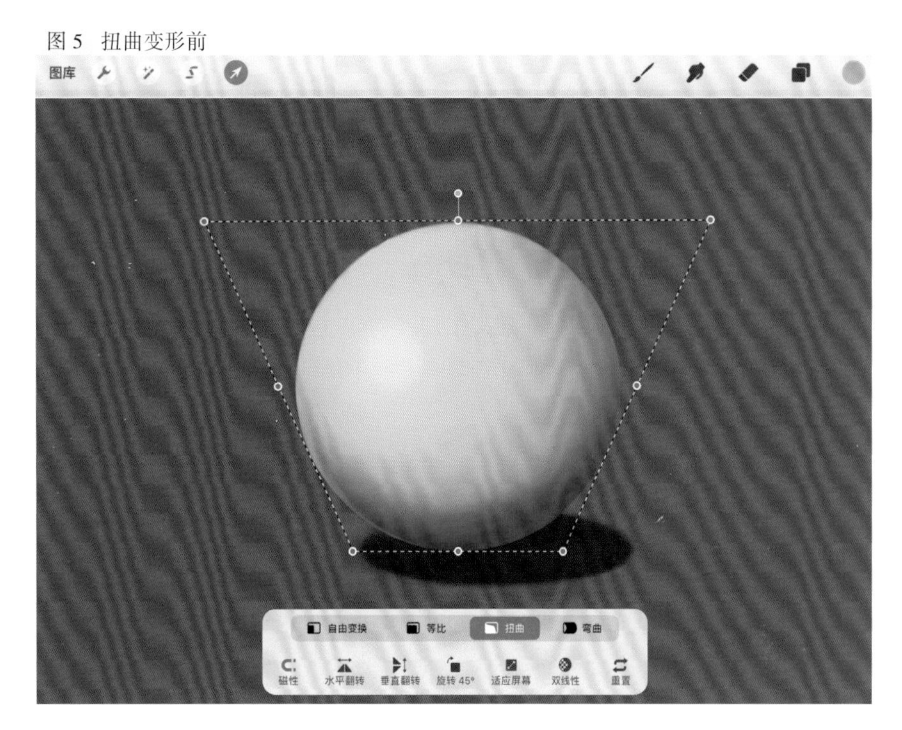

图6 扭曲变形后

04 弯曲

弯曲变形可以使物体产生折叠或包裹的视觉效果。移动选框上的四个蓝点弯曲物体，可以达到类似纸张折叠效果。如果想要更精准地控制弯曲变形，可以单击“高级网格”按钮，网格上将会出现更多的可控蓝点。（对比效果见 图7 、 图8 ）

图7 弯曲变形前

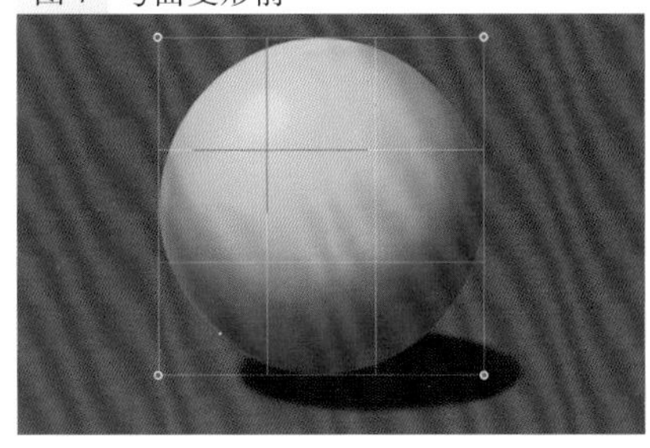

图8 弯曲变形后

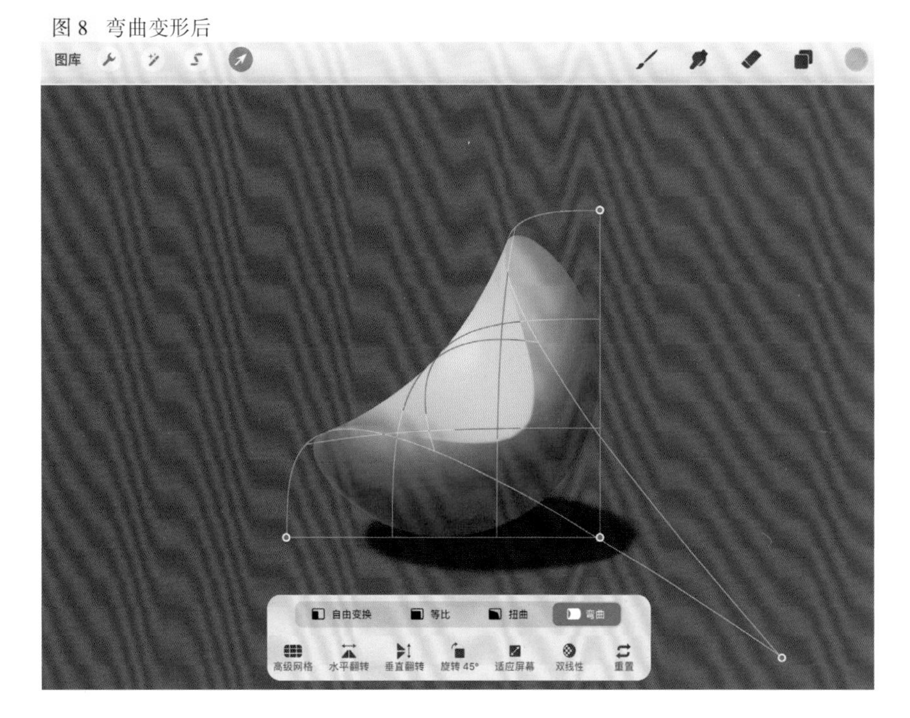

05 其他变形选项

除了主要的变形模式外，常见的一些变形选项也不容忽视。

磁性：启用磁性功能来移动或变形物体时，会出现蓝色的辅助线。辅助线能够辅助确认物体最终变形后的位置、尺寸比例和旋转方向。（对比效果见 图 9 、 图 10 ）

水平翻转和垂直翻转：不言而喻，这两个选项能够对称地翻转整个物体。

旋转 45°：物体顺时针方向旋转 45°，多次操作即可旋转回原样。

适应屏幕：让变形物体瞬间填满整个画布。

插值：用于对图像缩放、旋转或变形时，像素运算的一种算法，分为三类：最近邻、双线性和双立体。这三种算法需要一一尝试，体会这三种模式变形后的图像效果。

重置：撤销在变形工具中的全部操作，使图像回到原始状态。

图 9　开启磁性功能前

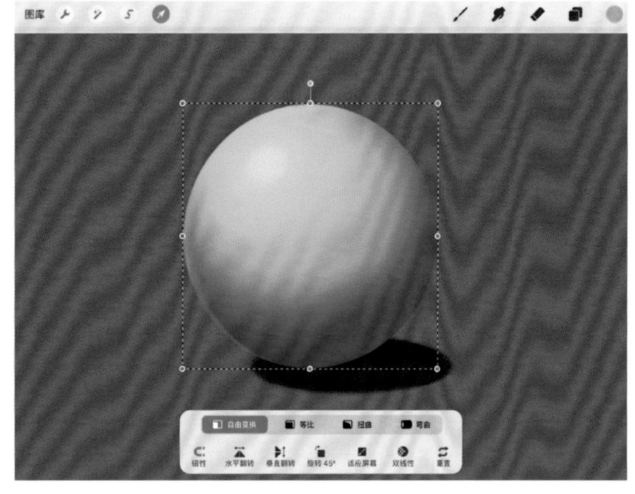

图 10　开启磁性功能后

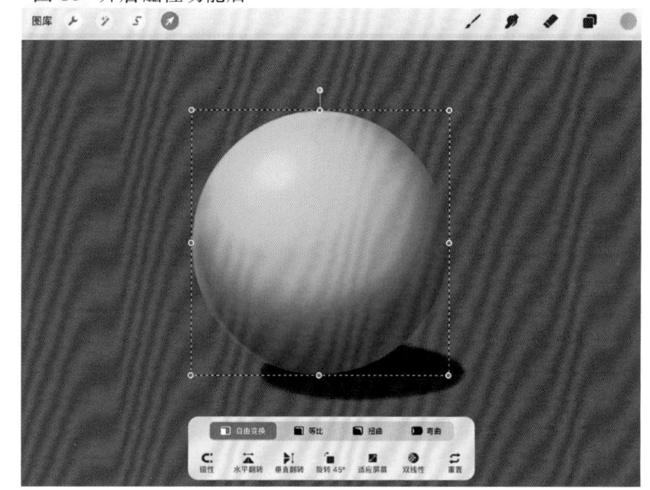

小贴士

插值算法

最近邻：是最简单快捷的差值法，采取各边界旁的最近一个像素信息来运算变形的显示效果，因此边缘也容易出现锯齿形状。
双线性：采取并运算，取物体边界 2×2 范围的四个像素信息，处理时间稍长一些，但画面效果比“最近邻”更柔和。
双立体：在三种差值算法中最为缓慢，但呈现效果也最锐利和精准。

调整

对于插画创作者来说，Procreate 的调整功能可以完全满足创作需要。虽然工具的复杂度不及 Photoshop，但便捷和实用的各种工具能为画面画龙点睛。“调整”菜单的功能主要分为滤镜和色彩调整两大部分。图 1 “滤镜”包含了不透明度、模糊、锐化、杂色、液化等直接改变作品外观质感的功能。“色彩调整”包含了色相、饱和度、亮度、颜色平衡、曲线、重新着色等改变作品颜色的功能。

在本章中，你将：

- 掌握如何改变画面的透明度
- 学会使用各种模糊工具表现作品的景深和动态
- 学习使用锐化和杂色工具为画面增加质感和肌理
- 学习通过液化工具调整物品的形态
- 学会如何快速复制小元素
- 掌握多种快速改变作品配色的方法

图 1 单击“魔棒”按钮，可以看到“调整”菜单

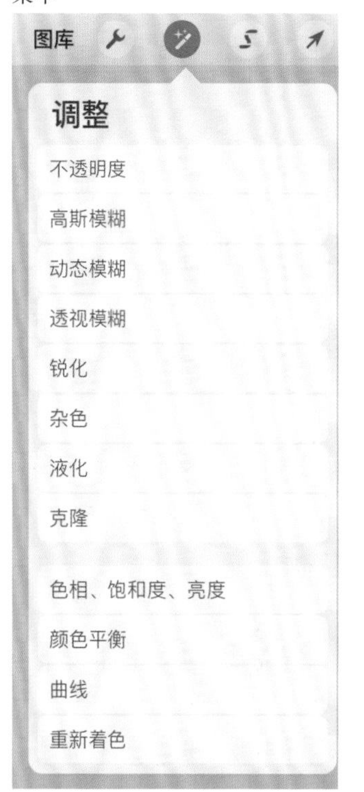

01 滤镜

1. 不透明度

此功能可以改变当前图层的透明度，有利于表现玻璃、服饰等半透明质感，也可用于表现物体的光效。

界面上方“滑动调整”的蓝色滑块显示图层的不透明度，默认值为 100%，即完全可见。图 2 向左滑动滑块，可以使图层更透明；向右滑动滑块，可以使图层更不透明。

界面底部的 4 个按钮介绍如下：

- 取消：全部取消并退出不透明度界面
- 撤销：撤销上一步操作
- 重做：重做刚撤销的操作
- 重置：重置所有操作但不退出不透明度界面

图 2 设置不透明度前后的对比效果

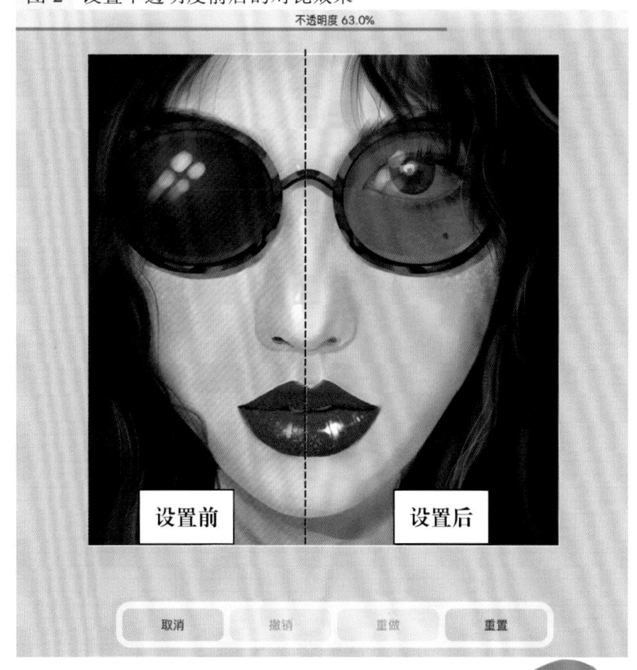

2. 模糊

模糊是滤镜功能中最具代表性的常用功能之一。在 Procreate 中，可以利用模糊滤镜创作出景深效果、动态效果，甚至代替渐变功能。

高斯模糊

高斯模糊可以将选中的图层软化，让图像呈现柔和、失焦的视觉效果。在绘制蓬松的云彩、柔和的光线或是虚化背景时，高斯模糊能表现出最细腻的模糊效果。

选择高斯模糊滤镜后，界面上方会有一个蓝色“滑动调整”滑块，显示了图像的模糊程度。图 3

动态模糊

动态模糊用于为选中的图层增添条纹式的模糊效果，从而创造速度及动态感。图 4

在创作动感的人物、汽车或飞行器时，能很好地模拟运动在相机里记录的残影。

选择动态模糊滤镜后，界面上方会有一个蓝色“滑动调整”滑块，显示了图像的模糊程度。模糊效果会根据滑动手指的方向自动生成。

透视模糊

透视模糊能创造放射型模糊来表现镜头缩放及爆炸的效果。很多插画家都喜欢利用透视模糊给作品带来冲击感。

选择透视模糊后，将出现的小圆盘置于透视模糊的视觉中心，这将成为透视模糊的放射点，用户可以随时拖动该圆盘。图 5

界面上方的蓝色“滑动调整”滑块，显示了图像的模糊程度。

图 3　设置高斯模糊的对比效果

图 4　设置动态模糊的对比效果

图 5　使用透视模糊可以用圆盘箭头图标改变模糊效果的放射方向

3. 锐化

锐化滤镜可以让图像产生明亮与阴影区块间更强烈的变化感，增加了像素之间的对比度，让每个元素感觉更加利落和聚焦。但是过高的锐化程度会让画面显得粗糙和刺眼，在使用时需要调整到合适的位置。

界面上方的蓝色“滑动调整”滑块长条，显示了图像的锐化程度。图6 向右滑动手指能增强锐化程度，向左滑动则降低效果。

图6 设置锐化效果的对比

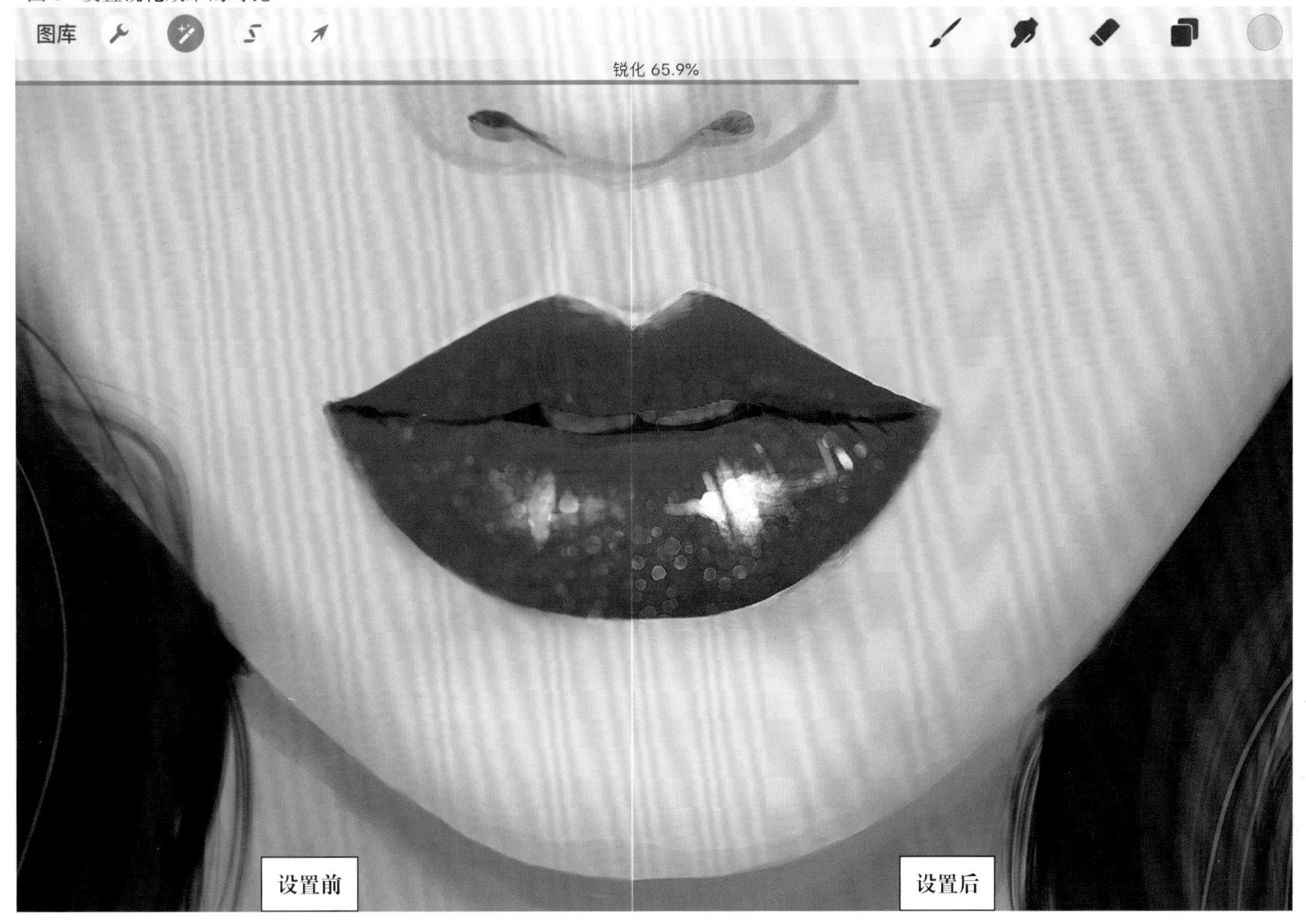

4. 杂色

杂色功能用于为图像增添颗粒纹理，以创造如老旧影片或报纸的自然效果。图7 如果用户希望丰富作品的层次，杂色功能让画面更有质感。

界面上方的蓝色“滑动调整”滑块，显示了图像上杂色像素点的多少。

图7 利用杂色功能给皮肤增加质感，模仿相机或油画质感

添加前

添加后

5. 液化

Procreate 提供了 6 种不同的方式来扭曲变化图层上的像素，产生丰富的变形效果。图 8 液化滤镜可以使画面上的物体产生变形，常用来修改画面物体的形状，或是表现光怪陆离的效果。我们也可以用液化滤镜来处理相片，就像在 Photoshop 中一样。

选择液化滤镜后，其功能选项中相关按钮的功能介绍如下：

推：就像增强版的涂抹功能，依笔刷的方向推动像素。

顺时针、逆时针转动：有顺时针及逆时针方向设置，并在笔刷周边转动像素。

捏合：以笔刷为中心向内收缩。

展开：将像素从笔刷向外推开，创造如吹气球的效果。

水晶：将像素从笔刷不平均地推开，创造出细小尖锐的碎片效果。

边缘：以线状方式吸收周围的像素而非往单点吸收，看似将图像对半折起。

重建：使用此效果绘图，可以在当前液化效果下渐渐还原原始作品。

调整：一旦使用液化效果，“调整”按钮即会显示可单击状态。向左拖动滑块，可以减轻刚涂绘上的效果程度。

重置：用来撤销改动而不退出液化界面。

液化滤镜最下方的四个滑块，用于设置液化笔刷，介绍如下：

尺寸：决定液化效果影响的范围大小。

压力：根据按压 Apple Pencil 的力量决定效果的轻重。

失真：为效果增添一点混沌的元素，使效果更扭曲、锯齿或转动幅度更大。

动力：让液化效果在笔尖从画布离开后能持续变形，如同水冲刷的效果。

图 8 液化图像的效果

小贴士

克隆

克隆可以将图像的部分拷贝并绘制到另一部分中，创造快速又自然的复制图像，与 Photoshop 的仿制图章功能相似。在绘制草丛、光斑、装饰花纹等物品时，利用克隆功能可以大大提高效率。

单击“克隆”按钮，会出现小圆盘。拖动小圆盘到想拷贝复制的区域作为来源点并开始绘图，即可以瞬间将来源点图像拷贝至画布任意处。

02 色彩调整

Procreate 提供业界标准的色彩调节工具，帮助用户随心所欲地调整画面的色彩。曲线工具配合直方图，能试验颜色或简便地为部分图像重新上色。

1. 色相、饱和度、亮度（HSB）

使用这三个滑块，可以控制图像的整体色彩质量。 图 9

色相：决定图像的整体色调，滑动滑块呈现的是所有可用色彩光谱。

饱和度：决定色彩强度。向左滑动颜色更灰，向右滑动则能呈现最鲜艳的颜色。

亮度：决定图像的整体亮度或暗度。

2. 颜色平衡

屏幕上的颜色由红色、绿色、蓝色三原色组成，以不同方式能组合出超过 1600 万种独特颜色。颜色平衡改变三原色的组合，能快速修正图像的色彩，或将颜色推向极限以创造特色风格。

色彩平衡将红、绿、蓝分成三个滑块，并以各色的互补色（青色、紫红色及黄色）做平衡。同时将图像的高亮区域、中间调、阴影分为三个区块，以便更好地控制颜色变动所影响的图像部分。 图 10

图 9 调整色相、饱和度和亮度的效果对比

图 10 调整颜色平衡的效果对比

3. 曲线

曲线是目前用以调节图像色彩及对比最精细的方式。此工具用图表直线来表示图层上的色调参数，我们可以将直线弯曲为曲线，以不同方式改变图像色彩。

图表上有色部分为直方图，如同图像上各颜色分布及颜色多寡的地图，将图层上的整体颜色平衡视觉化。图 11

节点则是改变色调参数的工具：在伽玛通道时，将节点向上拖动会影响图层的明度，向下拖动则影响暗度，左右拖动节点将影响对比度。图 12 最多可以设置 11 个节点。

图 11 伽玛通道内，向上拖动节点并使弧线向上弯曲，画面整体变得明亮

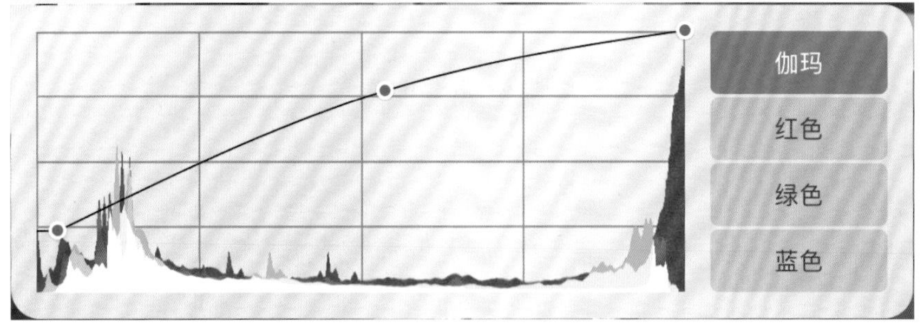

图 12 调整伽玛通道前后效果对比

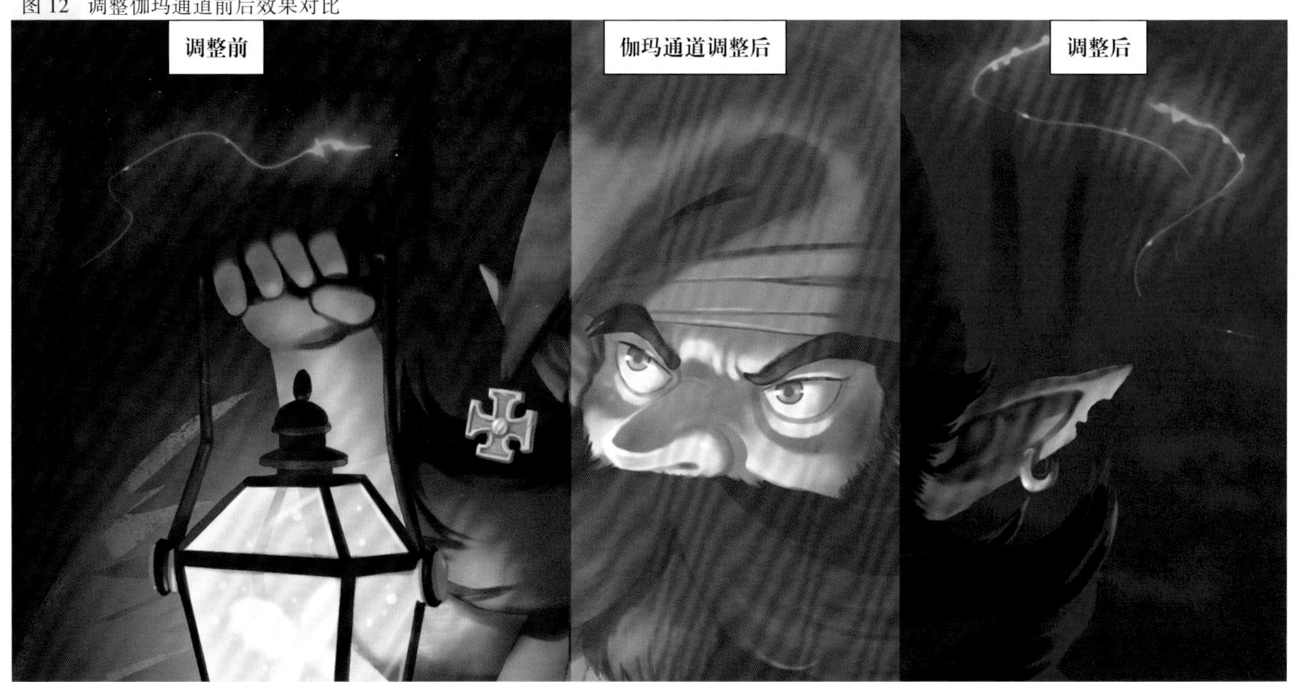

伽玛、红色、绿色、蓝色四个按钮代表不同的色彩通道。在不同的通道可以调整不同颜色的比例。例如希望增加画面中蓝色的比例，请单击“蓝色”通道按钮，然后向上调节曲线和节点。图 13

图 13 上调蓝色通道的曲线和节点

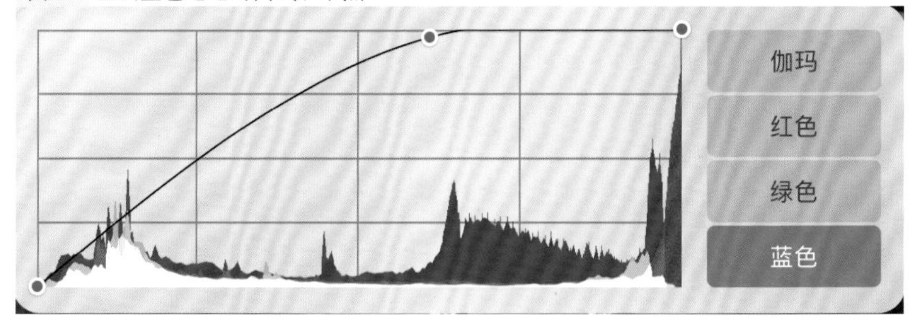

4. 重新着色

重新着色可以不需擦除、剪切或重新涂绘当前的形状，改变颜色区块，方便我们针对某一颜色的物体进行整体颜色改变，而不影响同一图层其他颜色部分。图 14

单击“重新着色”，屏幕中央会出现一个十字标，拖动十字标至想取代的颜色区块上。单击“颜色”按钮来选定取代的新颜色。最后，滑动位于屏幕底部的“泛光”滑块，能看到原颜色将渐渐被新选色取代。愈往右边滑动，新选色愈容易向相似色溢出。

如果想用新选色取代不同区域，可以随时拖动十字标来预览填充色在图层其他地方的效果表现，也能随时单击“颜色”按钮更换新选色。

图 14　重新着色功能的便捷之处在于可以在为作品绘制小样时，快速地整理出若干不同的配色方案而不必细致地划分图层

小贴士

如何绘制柔和的渐变效果

Procreate 中没有提供渐变工具，我们只需用软性笔刷涂色，再利用高斯模糊调整图层，即可得到柔和的渐变效果。如果想要保持物品的轮廓，请记得开启“阿尔法锁定”。

动画

最新版的 Procreate 完善了动画功能。全新的“动画协助”功能包含的洋葱皮和即时回放功能，可以帮助我们更好地制作动画。

在本章中，你将：

- 学会如何开启动画协助功能
- 了解时间轴界面与帧设置
- 了解分享动画的多种格式

01 界面

在“操作”面板中单击“画布”选项卡并将“动画协助”按钮打开，即可开启“动画协助”功能。图 1

启用“动画协助”后，屏幕会自动缩放以显示画面的全貌。画面中所有图层会以帧的形式显示在屏幕下方的时间轴中。

时间轴：以缩略图的方式呈现每一个动画帧。图 2

播放 / 暂停：可实时播放、预览动画效果，方便调整每个帧的画面状态。

设置：单击可设置时间轴上全部帧的动画效果，改变速率，开启洋葱皮功能。

添加帧：为动画添加新的空白帧。

图 1 先开启“动画协助”功能，再绘制动画

图 2 时间轴以缩略图的方式呈现动画的每一帧。就如同换个显示效果展示图层列表，图层列表中第一个图层会出现在时间轴的最左侧，每一帧从左至右依时间先后排序。时间轴来回拖动，可慢速观察动画过程。单击某一帧，画面即跳至该帧，再次单击该帧会跳出“帧选项”设置

02 帧选项

帧选项可调整时间轴上每帧的个别选项，对帧进行延迟、复制或删除。

保持时长： 让多个帧播放当前画面，创作出动态暂停的效果。保持帧播放的数字越大，该帧静止的时间就越长。

复制 / 删除： 快速拷贝或删除当前帧。

前景： 为动画创造一个锁定的浮动前景。前景锁定后，此帧在动画中不改变，它会出现在动画中的每一帧上面。 图 3

背景： 为动画创建一个锁定的背景图。 图 4 背景锁定后，此帧在动画中成为不变的背景元素，会出现在动画中的每一帧上。

图 3 只有最右侧帧能设置为前景，整个时间轴上也只能拥有一个动画前景

图 4 时间轴上，只有第一帧可设置背景

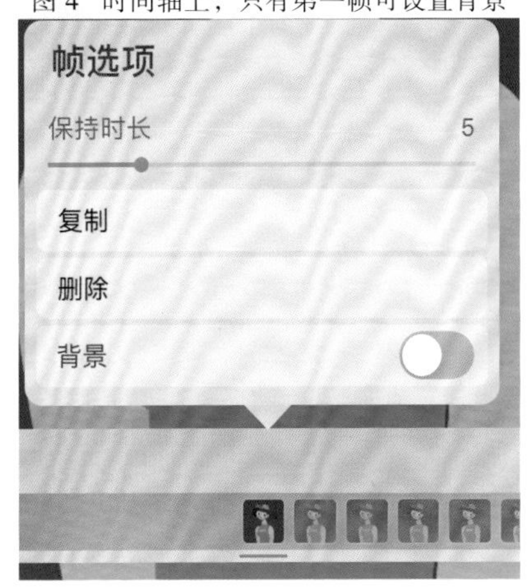

03 帧设置

帧设置面板用于变更动画的速率，洋葱皮等设置会改变动画的绘制方式。 图 5

帧 / 秒： 调节动画速率。拖动“帧 / 秒”滑块，动画会在每秒 1~60 帧速率间播放。数值越大，动画播放速度越快。

洋葱皮层数： 拖动滑块来设置洋葱皮帧的显示数量。

洋葱皮不透明度： 可设置洋葱皮帧的不透明度。

混合主帧： 默认设置中，主帧（当前帧）会以不透明的方式显示在所有次要洋葱皮帧（周边帧）之上。

次要帧上色： 点选此按钮能让主帧与次帧更易于分辨。

单次： 所有动画从头到尾一次性播放后立即停止。

循环： 所有动画从头到尾播放后再次从头开始播至结束，不停循环。

来回： 所有动画从头到尾播放，再从结尾至开头继续来回循环播放，效果就像来回跳动的乒乓球。

图 5 帧设置面板

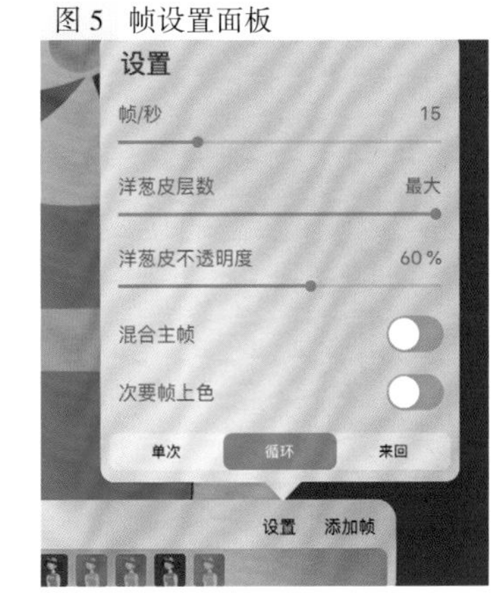

小贴士

何为洋葱皮

首先，我们要知道动画是逐帧运行的。同一时间只显示时间轴上的一帧，为了方便查看动画的连续运行轨迹，确定前后图之间的位置关系，画布里就需要展示更多的帧。能满足这个需求的功能就叫作洋葱皮。

04 分享

在“操作”面板中单击“分享”按钮，即可看到分享面板。分享动画有四种格式 图 6 ，每种格式皆用不同方法导出时间轴，各种导出格式各有优势。

动画 GIF： “帧 / 秒”参数可调节动画播放速率；“仿色”参数默认打开；“每帧调色板”或设置“透明背景”参数可根据自己的需求点选。 图 7

动画 PNG： “动画 PNG”面板提供比“动画 GIF”更高的画面质量，但格式不受所有平台支持。 图 8 其中“帧 / 秒”滑块可调节动画播放速率；单击“透明背景”开关按钮，可设置透明背景。

动画 MP4： “动画 MP4”与前两个选项相似，但使用 JPEG 编码每一帧，无法设置透明背景；导出文件格式较小。 图 9

动画 HEVC: 是一种高效的视频压缩格式。 图 10 在相同画面质量上，HEVC 能大大缩小文件大小。

图 6　可导出的四种动画格式

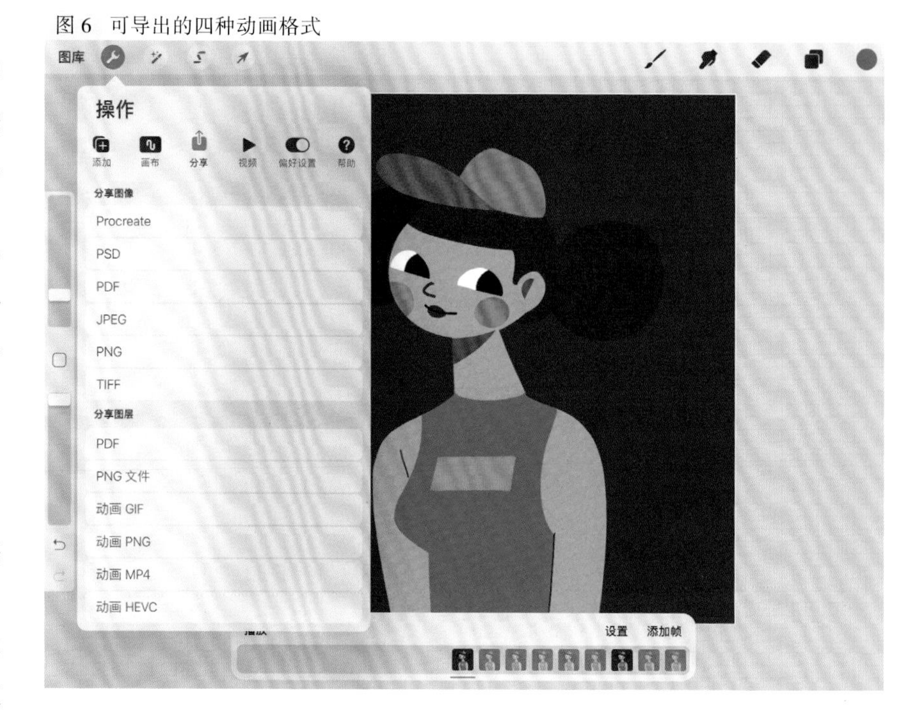

图 7　动画 GIF

图 8　动画 PNG　　图 9　动画 MP4

图 10　动画 HEVC

动画 HEVC

最大分辨率　支持网络

帧/秒　15

透明背景

> **小贴士**
>
> **四种动画分享格式**
>
> GIF 是网络动画中最常用格式；PNG 格式适合含有透明元素的动画；MP4 是以 JPEG 作为动画帧的格式，能够导出较小的文件；HEVC 格式可更加节省宽带流量。

操作

在本章中，你将：

- ✓ 学会在画布中导入图像
- ✓ 掌握分享作品的方法
- ✓ 学会记录创作过程的缩时视频
- ✓ 按照喜好设置 Procreate

通过之前章节的学习，相信用户已经准备好在 Procreate 中创作自己的艺术作品。在“操作”面板中，我们可以更好地改造 Procreate 的工作环境——依照用户的风格自定义设置，还能为用户的创作过程提供很多好用的功能。

01 添加

Procreate 操作面板的“添加”列表中，提供了“插入文件”“插入照片”“拍照”和复制等功能 图1 ，具体如下。

插入文件：执行“操作 > 添加 > 插入文件”命令，插入相应的图像文件。在 Procreate 中，可以导入 PNG、JPEG 以及 PSD 文件，但需要注意 PSD 文件将以合并平面图像格式置入。

插入照片：执行“操作 > 添加 > 插入照片”命令，从 iPad 的相册中导入 JPEG、PNG 或 PSD 图像。和“插入文件”相同，PSD 文件将以合并平面图像格式置入。

拍照：执行“操作 > 添加 > 拍照”命令，启用 iPad 的自带相机。拍摄一张照片并单击“使用照片”后，该照片会被置入文件中。

剪切：“剪切”功能会移除文件上的选区并存储在 iOS 的剪贴板中，能在 Procreate 内不同的画布中，甚至其他应用中任意处粘贴该选取物件。

拷贝：拷贝与剪切使用方式相同，但不会将该选区从原文件上移除。

拷贝画布：拷贝与剪切只会反映在一个图层上，而“拷贝画布”则会将所有画布里的可见图层拷贝为合并平面图像。

粘贴：将剪切或拷贝的图像丢放至另一个文件或应用中。图2

图 1 “添加”选项列表

图 2 粘贴拷贝的图像

02 画布

“画布”选项列表中包含了跟画布有关的各种功能，让用户更快捷地调整整个作品效果。

1. 裁剪并调整大小

进入“裁剪并调整大小”界面后，图像上出现网格，网格边缘代表画布边缘，用户可通过以下几种方法调整设置。

旋转：使用位于工具栏下方的“旋转”滑块，根据裁剪区域来调整画布的角度。

自由变换裁剪：拖动浮动网格的边界来裁切或放大画布。

原比例裁剪：锁定原平面比例来裁剪或调大画布。 图 3

数值裁剪：输入尺寸数值来精准裁切或放大画布。

重调尺寸：执行“操作 > 画布 > 裁剪并调整大小”命令，调整画布大小或不同形状。单击“画布重新取样”按钮，为图片重调大小。此方法可以放大截取作品的部分而不改变画布尺寸。

2. 翻转画布

开启“水平翻转画布”或“垂直翻转画布”功能，将画布沿水平轴向（左右）或垂直轴向（上下）翻转。水平翻转画布是一个帮助用户发现构图或比例问题的好方法，许多专业艺术家会采取这个方法检视自己的作品。

3. 画布信息

画布信息包含了关于本作品的尺寸、图层数量、颜色配置文件、视频设置、花费时长和文件大小等信息。还能够给作品手写签名，并附上头像。这些信息将会嵌入 Procreate 文件中。当他人在 Procreate 中打开你的作品时，将会在“画布信息”中看到署名信息。

图 3 剪裁画布调整的是画布大小，并不会改变图像的比例

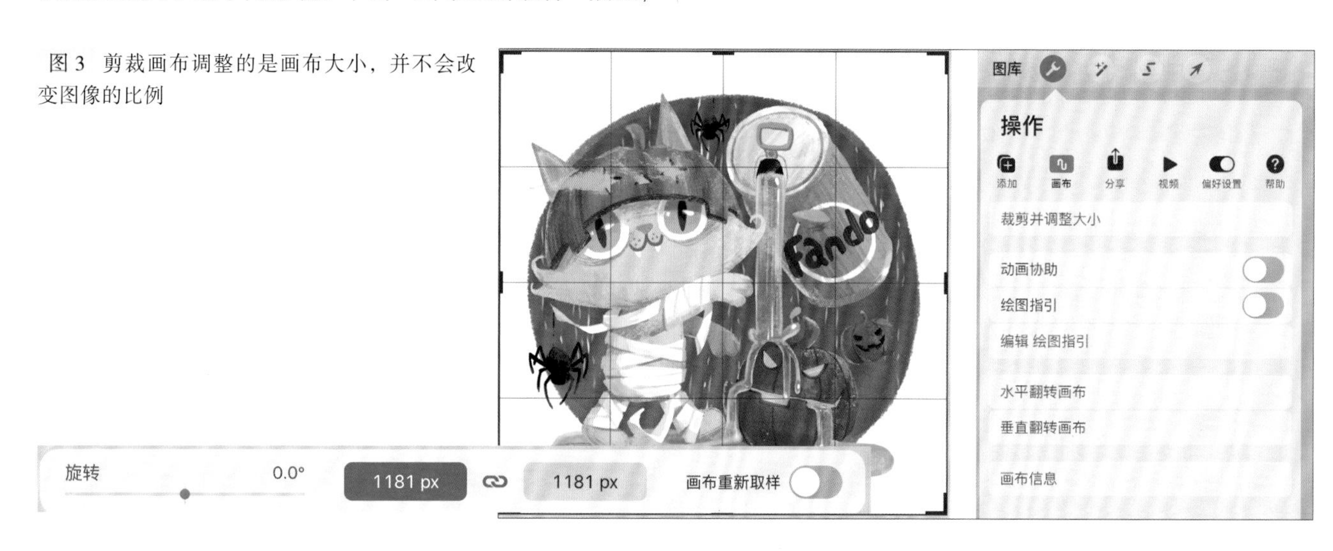

小贴士

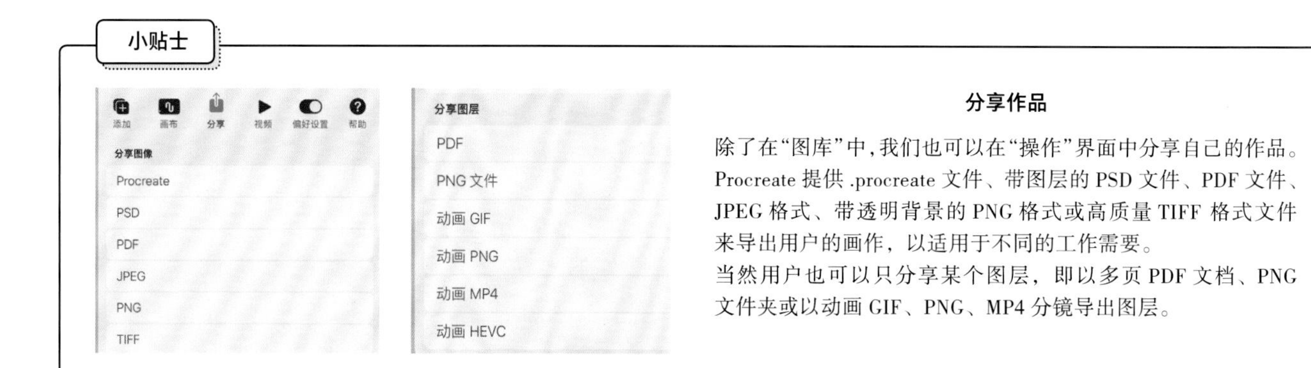

分享作品

除了在“图库”中，我们也可以在“操作”界面中分享自己的作品。Procreate 提供 .procreate 文件、带图层的 PSD 文件、PDF 文件、JPEG 格式、带透明背景的 PNG 格式或高质量 TIFF 格式文件来导出用户的画作，以适用于不同的工作需要。
当然用户也可以只分享某个图层，即以多页 PDF 文档、PNG 文件夹或以动画 GIF、PNG、MP4 分镜导出图层。

03 视频

Procreate 会自动将图像创作的每一步都录制下来，并将过程集合成一个可导出、可分享的快速缩时视频回放，且可以随时停止或开始录制缩时视频。图 4

导出缩时视频时，可以选择全长和 30 秒两种视频长度。“全长”可以将完整的创作视频导出为一个高速视频。“30 秒”可以自动加速并剪辑至 30 秒长度，一般保留创作早期的多数而重要的帧，同时显示快速修正变动的小细节。

利用这些功能，我们能很好地追溯自己的作品并和其他人交流作画的过程。

图 4 视频录制功能

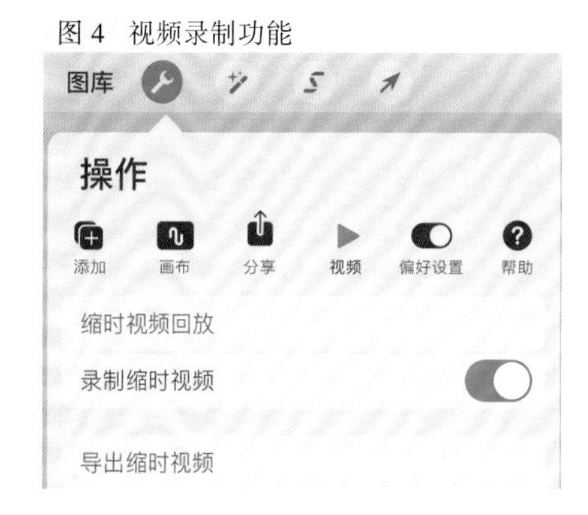

04 偏好设置

应用 Procreate 的偏好设置功能，用户可以根据自身的使用习惯对 Procreate 的界面配色、画笔光标的显示和快速撤销手势等进行设置。图 5

浅色界面： Procreate 提供深色、浅色两种界面配色。

右侧界面： 默认设置中的侧栏位于屏幕左手边，调整“右侧界面”按钮，可将它调至画布的另一侧。

画笔光标： 开启后，触碰画布的同时会出现画笔的边缘线条，可以提前预览画笔的效果。

投射画布： 在其他显示设备上投射当前画面。

快速撤销延迟： 针对“快速撤销”手势，延迟执行操作的时间。

选取蒙版可见度： 执行选取操作后，未选中部分会遮盖蒙版，此功能可改变它的透明度。

编辑压力曲线： 调整 Procreate 的整体压力曲线来改变笔刷敏感度，配合用户的创作习惯。

手势控制： 在手势控制面板内可更改 Procreate 中配合各种创作工具的快捷设置。不过，用户无法让两个不同功能同时使用同一个快捷操作，冲突的功能旁会出现一个黄色警示图标。

图 5 偏好设置功能

案例详解

- 绿色花房
- 午后时光
- 花间小屋
- 穿越云海
- 海底世界
- 幻想生物
- 星际航行
- 摩登城市
- 白鹿动画

案例 1

绿色花房

整体思路

他有一间美丽的绿色花房，喜欢每天去花房侍弄自己的花草，天气好的时候在花房外浇灌草地，看着那满屋的花朵与植物，心情也变得更开心了。

本案例将介绍人物到场景的详细绘制步骤，学习如何确定画面的主色调，如何用系统自带的基础笔刷绘制植物的质感，如何绘制玻璃的光效，如何进行色彩的前后关系取舍，以及如何创建新的笔刷。

在本章中，你可以学到：

- ✓ 如何使用选择与变形工具
- ✓ 如何创建自定义笔刷
- ✓ 如何使用速创形状
- ✓ 如何使用快速填充工具
- ✓ 如何使用曲线调整颜色

创作步骤

01 绘制素材

首先，可以在网络上搜索参考元素，观察花农的穿着与工具、不同类型的花朵与植物的特点，明确设计方向，并使用“德文特”笔刷绘制相关的素材。图 1

图 1 在“素描”画笔组内可找到“德文特”笔刷

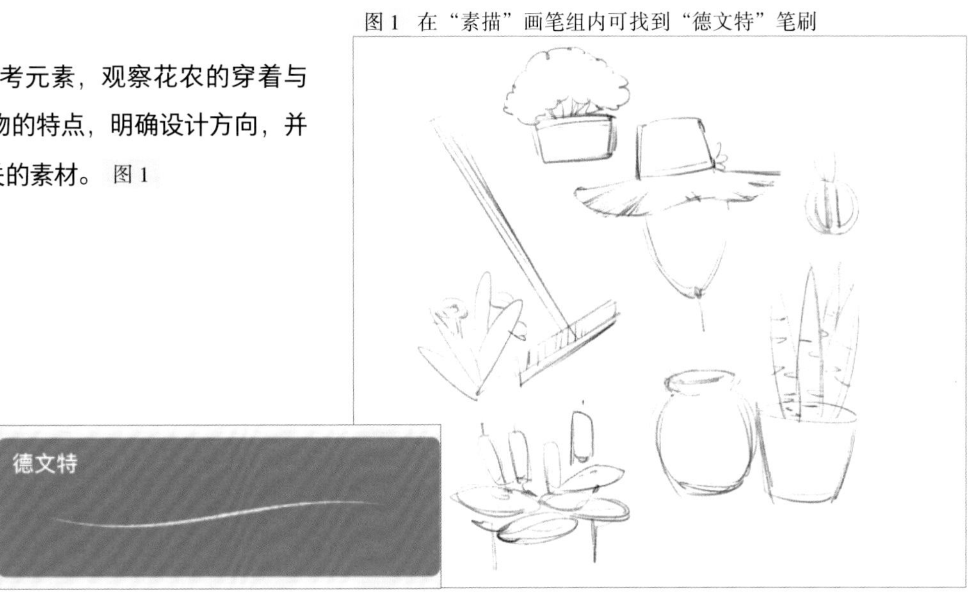

02 绘制草图

接下来，绘制草图。在已有明确构图情况下，可以尝试不同年龄阶段与不同场景的花农构图。人物形体变化和构图组成元素的变化，也会让画面产生不同的效果。当然，如果想法不明确，就尝试着多画几个不同的构图。图 2

图 2 这里绘制了老年人和年轻人的不同版本，场景也有不同的尝试

03 设计颜色

根据构图，快速给草图搭配颜色。本张插图花草众多，除人物外的颜色会以绿色为主，调整色相、饱和度与明度，就能搭配出有着丰富变化的绿色。人物配色须与背景的绿色拉开色彩关系，浅黄色与蓝色是不错的选择。图 3

图 3 丰富的颜色搭配

04 设计光效

配色明确后，为草图添加不同方向的光源。下左图为逆光效果，下右图为左侧光效果。合并所有图层后，选择更满意的那张图。图 4

图 4 设计不同的光源方向

05 检测构图

观察构图，人物的站立姿势和后面花房的结构走向都是竖行结构，构图单一，不够生动。调整角色的站立姿势，让构图产生变化。

选择“选取”工具的“手绘”功能，圈选人物上半身 图5 ，然后选择“变形”工具的“等比”旋转功能，调整人物站姿 图6 。调整后的构图效果见 图7 。

图5 按住绿色圆点，即可旋转选区内容

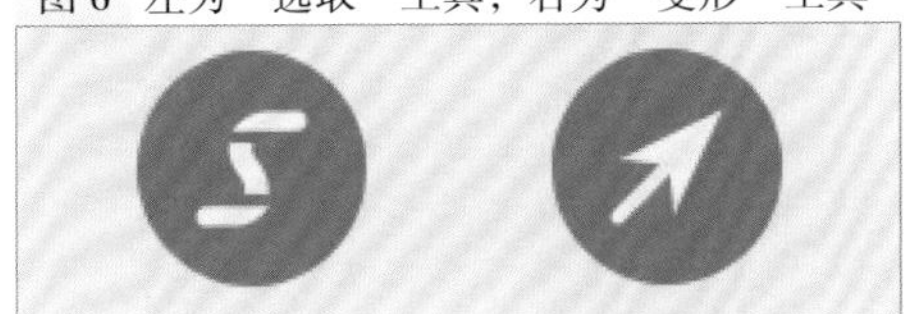
图6 左为“选取”工具，右为“变形”工具

图7 调整后的构图效果

06 新建画布

在图库中新建一个文件，命名为“花农与花”。设定所需的画布尺寸，并且将分辨率（DPI）设为300。

将调整好的构图拖曳到“图库”图标内，中途不要松手，然后继续拖曳至新建的画布中。 图8

图8 创建“花农与花”画布

07 放置参考图

复制拖入后的图层，一张缩小放在画布的左上角作为之后的绘画参考；将另一张放大填充画布，设置图层不透明度为23%，，作为描摹底稿。 图9

图9 设置图层的不透明度

08 绘制背景

新建图层，并重命名为“背景”。使用“德文特”笔刷描摹背景线稿。花房内的植物不画线稿，可以与花房形成虚实关系。使用“速创形状”功能绘制长直线与弧形线，这样可以提高工作效率。 图10

图10 描摹背景线稿

小贴士

绘制“完美图形”

当绘画中需要正圆、正方形、直线等规则图形时，在绘制完图形后不要松开手指或画笔，同时用另一只手点击画布，Procreate将把椭圆变为正圆、四边形变为正方形、曲线变为直线。

09 背景铺色

将“背景”图层的不透明度设置为32%，在下方新建一个图层并重命名为“底色”。吸取左上方小图的颜色，用“工作室笔”笔刷为背景填充基础颜色。图 11

图 11　在“工作室”画笔组内可以找到“工作室笔”笔刷

10 绘制花草

新建图层并重命名为“植物”，选择“干油墨”笔刷绘制花房内的植物。图 12

花房内的植物颜色整体偏灰调，吸取颜色时也要注意颜色的变化并稍作调整。

图 12　在“着墨”画笔组内可找到“干油墨”笔刷

11 添加花草细节

在“植物”图层下方新建图层，绘制更后方的植物。图 13 新建剪辑图层，使用“细尖”笔刷绘制叶脉。图 14

绘制时要特别注意整体图层的前后顺序，避免错误的遮挡。最后将所画的线稿与上色图层合并，然后为组命名为“花房”。

图 14 在“着墨”画笔组内可找到“细尖”笔刷

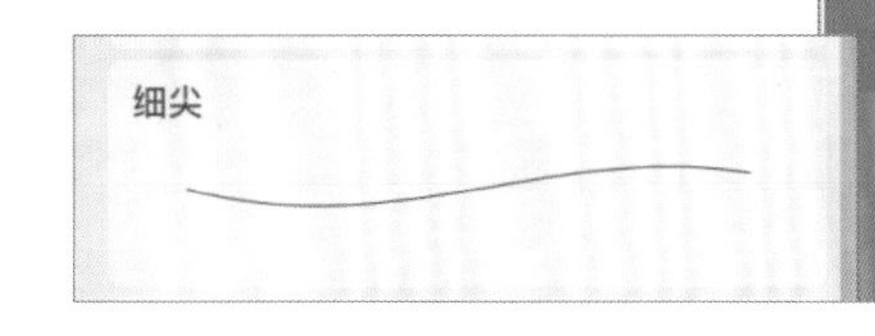

图 13 新建图层

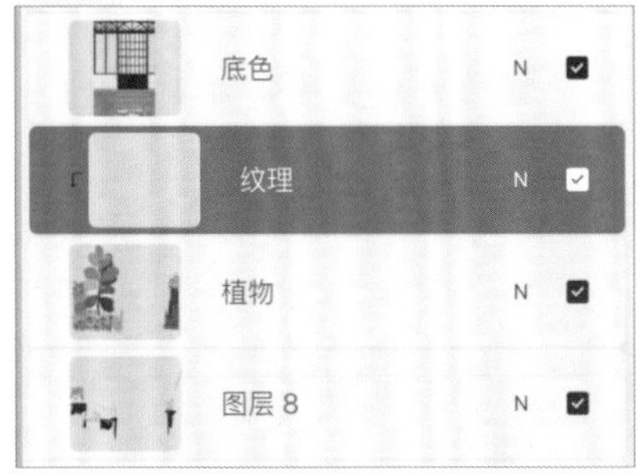

12 绘制人物

隐藏“花房”组，新建图层并重命名为“人物”。接着使用“德文特”笔刷绘制前景的人物和一些植物。图 15

图 15 人物描线依旧使用“德文特”笔刷

13 人物上色

在线稿下方新建图层并“吸取”皮肤颜色，绘制人物轮廓。使用“硬画笔”笔刷分别绘制“头发”“五官”“植物”等不同元素，并将元素图层设置为剪辑蒙版。剪辑蒙版功能可快速勾勒出衣物的准确轮廓而不怕涂出人体范围。绘制完成后，将“人物”线稿的图层混合模式设置为“颜色叠加”。图 16

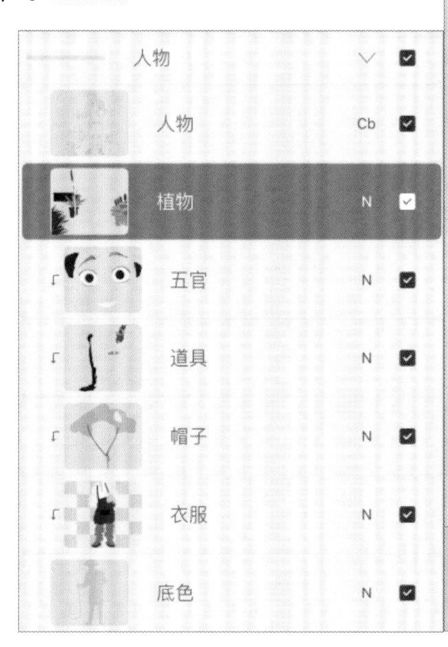

图 16 设置“人物”线稿的混合模式

14 创建人物组

将前景的人物图层与植物图层合并为组。图 17

图 17 合并人物和植物图层

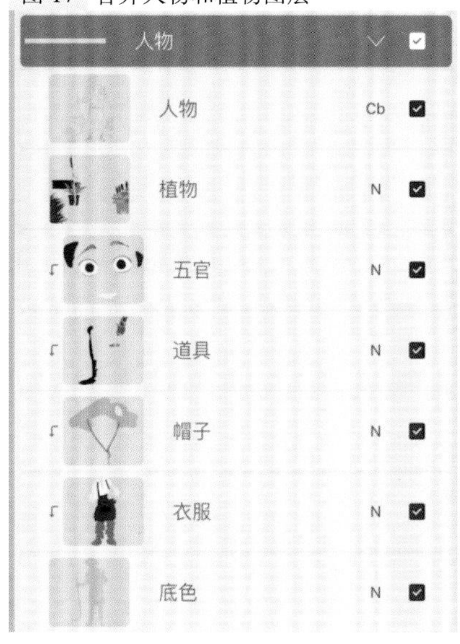

15 创建新画布

插图的敷色基本完成，接着需要新建一个画笔。首先在图库中新建一个画布，设置“宽度”与“高度”皆为 800 px、“分辨率”为 300 dpi。将背景颜色设置为黑色，新建图层并绘制白色叶子外形，注意叶子要多画几个，并有大小变化，绘制出一簇的效果。图 18 画完后，保存并分享至相册。

图 18 绘制叶子

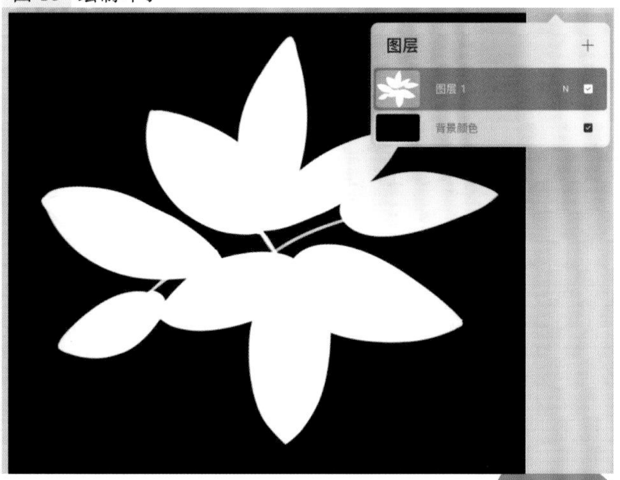

16 创建画笔

单击“画笔库”菜单右方的“+”图标，创建一个新画笔。

笔刷最基础的设置分别是“描边路径”“锥度”和“颗粒”。“形状”与“颗粒”自带的源库有着丰富的笔刷形状与颗粒纹理。用户也可以根据需要导入自定义图片，控制画笔的形状。图 19

图 19　创建新笔刷

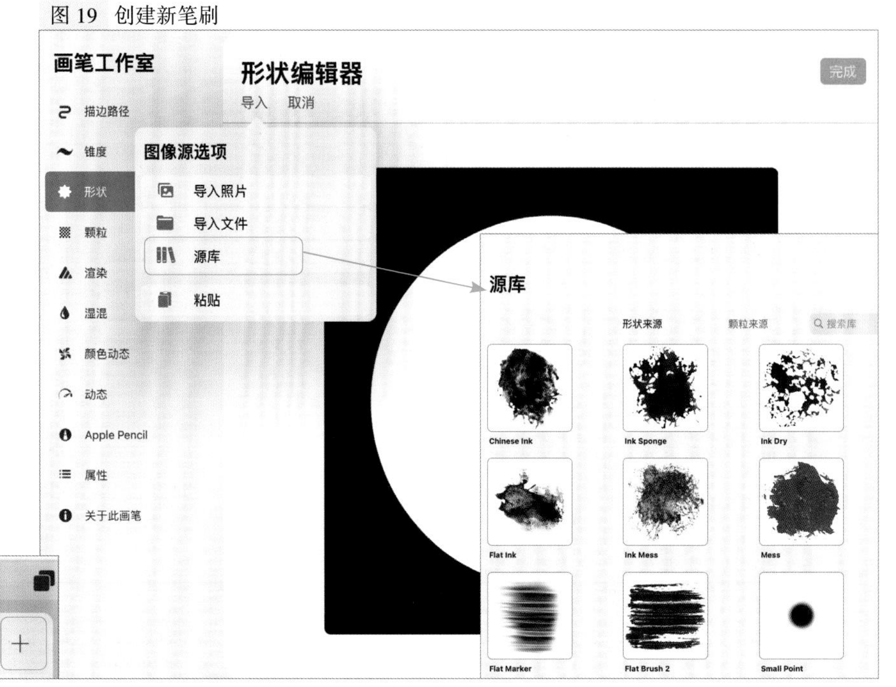

小贴士

创建新画笔

创建新画笔是一个复杂的过程。本书介绍的都是基本知识，只有多试验才是最好的学习方法。在试验过程中，也许会意外地得到非常有趣的笔刷，即使这完全不是最初想创建的笔刷。

17 导入画笔形状

选择“导入照片”选项，将之前保存好的叶子形状导入形状来源。图 20

图 20　导入画笔形状

18 设置画笔颗粒

要为笔刷添加纹理，则单击“颗粒”库源导入系统自带的颗粒效果。“比例”可设置颗粒的大小；“深度”可设置颗粒的不透明度；“混合模式”可设置颗粒在笔刷中的显示效果，和图层混合模式相似。调整这些设置直到得到满意的笔刷效果。最后将创建的笔刷命名为“叶子”。图 21

图 21　叶子形状的笔刷可以方便地绘制浓密的树丛效果，省去了一片片画叶子的时间

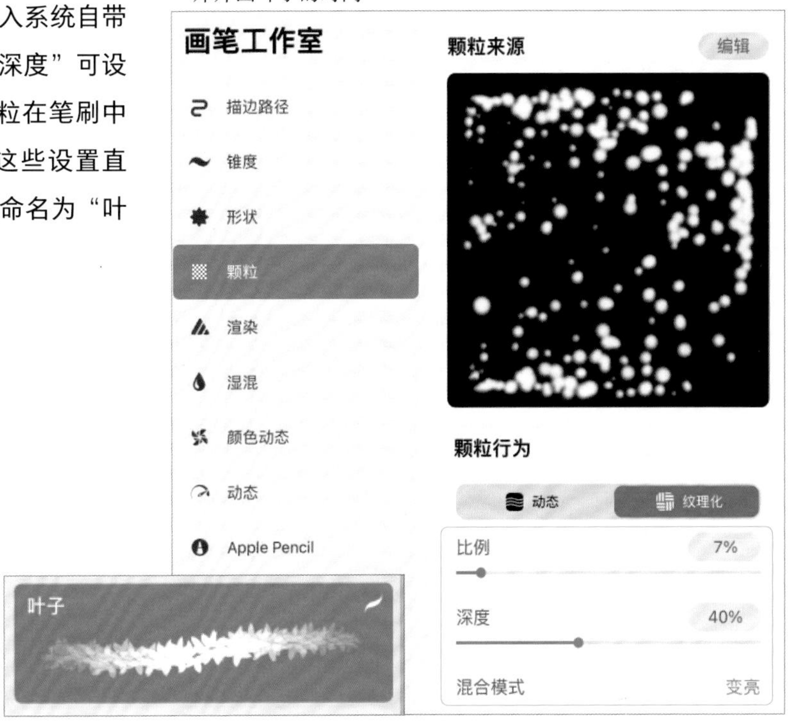

19 绘制灌木

新建图层，使用“叶子”笔刷绘制灌木，注意图层层级关系。图 22

图 22　绘制灌木

20 绘制花房玻璃

下面，开始为整张插画增加质感与纹理。首先打开“花房”图层组，新建两个图层后，分别添加花房的玻璃颜色与光感，要注意图层的排列顺序和图层模式。为了表现玻璃的透亮光感，将“玻璃”的图层混合模式设置为“正片叠底”，将“光”的图层混合模式设置为“添加”，并将不透明度调整为 36%。图 23

图 23　设置图层的混合模式

21 添加花房结构细节

新建剪辑图层，绘制出门廊的结构与纹理。新建图层，为石梯增加结构块和明暗结构。图 24

图 24 增加纹理与质感的笔刷很多，需要多次尝试。有些质感效果需要多种不同的笔刷组合而成

22 添加花房亮部

继续新建图层，在门栏边缘画上细细的亮边，为花房木框结构添加高光。最后将图层混合模式设置为“滤色”。图 25

图 25 新建图层并添加高光效果

23 合并背景组

将“花房”图层组复制并平展为一个图层，然后重命名为“背景”。最后隐藏原先的“花房”组。图 26

图 26 隐藏“花房”组

24 增加草地质感

单击“背景”图层，草地质感不够时，结合不同的笔刷为草地增强质感。使用“斯提克斯”笔刷增加草地纹理。图 27 用“粉笔”笔刷绘制长短不一的叶子，楼梯与草地的连接处也要画上一些叶子，注意衔接要处理得自然。图 28 最后用“水笔”笔刷画上小白花，注意白花的大小和位置要有随机变化。图 29

图 27 在“绘画”笔刷组内可找到“斯提克斯”笔刷

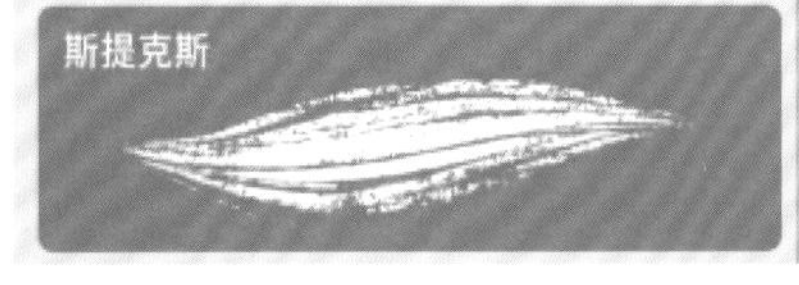

图 28 在“书法”笔刷组内可找到“粉笔”和“水笔”笔刷

图 29 查看草地的质感效果

25 添加人物阴影

背景画完后，开始为人物添加结构关系。

首先将“人物”图层组复制并平展为一个图层，在上方新建剪辑图层，并将图层模式改为“正片叠底”。用色块关系大致画出人体与衣物会形成的阴影结构，使人物看起来更加立体。图 30

图 30 添加阴影使人物更立体

26 添加图案

新建图层，绘制花盆图案和花朵元素。 图 31

图 31 绘制花盆和花朵

27 细化衣服褶皱

新建图层，为衣服和裤子的褶皱增加对比关系；为鞋子增加鞋带与高光；为面部增加腮红；为眼球增加阴影、虹膜与高光。 图 32

图 32 添加细节效果

28 添加过渡色

继续在上方新建图层，为前景出现的静物画上过渡色，画完后合并这些图层并重命名为“人物”。 图 33

调整图层的顺序，让“人物”和“背景”图层显示在最上方。 图 34

图 33 合并图层

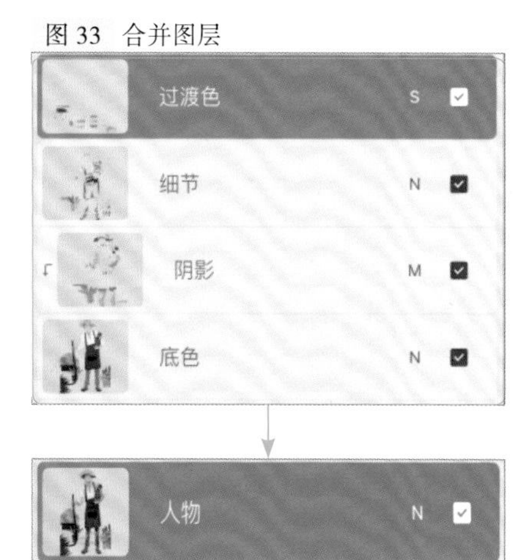

图 34 调整图层顺序

29 调整对比度

人物是这张插图的前景，调整前景的饱和度与亮度，可以增强前景与背景的色彩对比度，视觉上会强化空间感。但切记，前景颜色的饱和度不要过于鲜艳，否则会导致画面不和谐。图 35

图 35 调整前景的颜色

30 细化面部

从这里开始，我们需要围绕画面的整体性细化插图。从人物五官开始，加深上下眼线、眉毛和嘴角线条，为眼睛虹膜添加更多的颜色变化，使其更有神。图 36

图 36 眼球细化前的阴影纹理并不适合整体效果，改用平滑笔刷修改后效果更佳。细化整体画面时，也需要考虑修正不合适的纹理效果

细化前

细化后

31 细化帽子

点开“人物”图层的“阿尔法锁定”属性，增加帽子的褶皱，让其更真实。图 37

图 37 为帽子增加褶皱

32 细化衣物

细化衣服的褶皱。增强布料质感的诀窍是：加深衣褶的暗部结构，并在形成的阴影中添加微妙的灰调颜色。最后再绘制衣褶的受光面，要注意褶皱也会出现强弱变化。图 38

图 38 细化衣服的褶皱效果

33 添加水花与纹理

新建图层，绘制水管喷出的水花和花盆中漏缺的花朵并添加纹理。图 39

图 39 绘制水花和花朵

34 为场景添加光效

要为场景添加光效，则首先新建图层并填充黄色，用更亮的浅黄色表示从左上方进入画面的主光，创建蒙版控制光进入画面的显示效果。最后新建图层，使用“中等喷嘴”笔刷绘制白色的环境光。 图 40

图 40 图层蒙版中黑色区域为不显示，白色区域可显示

35 添加人物光效

新建多个剪辑图层，用“软画笔”笔刷为人物添加阴影、高光与折射光，让人物的光源与背景光源更好地融入一个空间。

将“阴影”图层的混合模式设置为“正片叠底”，将“高光”图层的混合模式设置为“添加”、不透明度设置为90%，将“折射光”图层的混合模式设置为“颜色减淡”、不透明度设置为 66%。 图 41

图 41 在“气笔修饰”画笔组内可找到“软画笔”笔刷

36 添加草地光效

合并背景与人物的所有图层，然后在最上方新建多个图层。添加花盆与植物投射出的阴影夹角，在草地上形成斑驳光感与阴影。图 42

图 42 添加花盆与植物投射的光感和阴影

37 调色

合并所有图层，利用“曲线”工具调整画面色彩的对比度与饱和度。调整红色曲线，可以使绿色更鲜亮；调整伽玛曲线，可以让光感与阴影的对比更富有层次感。图 43

图 43 调整画面色彩效果

38 导入纹理

在“操作”面板的“添加”列表中选择“插入照片”选项，选中“照片”中的纹理素材后，自动导入画布文件中。设置纹理的蒙版图层，控制纹理在整张插画的显示部位，并将图层混合模式设置为“实色混合”、不透明度设置为 8%。 图 44

图 44 设置导入的纹理图片效果

39 调整光效并增加细节

最后，检查整幅场景，为画面调整光效并增加一些前景细节。 图 45

图 45 确认画面最终效果

最终的图像

画面呈现了丰富的中景构图，有着不同饱和度与微妙色相变化的绿色占据了画面的大多数，也衬托了抱着鲜艳红花的人物主角。当画面色彩偏向一个色相时，添加这一色相的对比色能快速强化画面对比度，让画面增加趣味性。

案例效果展示 · 康巴汉子

案例效果展示 · 少年

案例效果展示·原始男子

案例 2

午后时光

整体思路

人生不止一面，除了努力工作，也要享受人生。这幅画表达了现代职业女性工作外的另一面，在一个阳光明媚的下午，打扮得精致时尚，来一杯咖啡，享受独有的当下时光。

本案例将提供从人物到场景的详细绘制步骤，学习如何使用 Procreate 自带的笔刷打造基础画面与纹理效果，如何操作整理让图层井然有序，如何使用图层蒙版和阿尔法锁定功能处理绘画操作，如何设置图层混合模式以达到画面效果，以及如何利用光影效果营造出画面氛围。

在本章中，你可以学到：

- ✓ 如何使用系统自带笔刷
- ✓ 如何使用选区工具
- ✓ 如何使用蒙版和剪辑蒙版
- ✓ 如何使用阿尔法锁定
- ✓ 如何使用图层混合模式创建光与影的效果
- ✓ 如何使用高斯模糊工具虚化背景

创作步骤

01 搜集资料

在开始绘画之前，可以收集一些参考资料，也可以回想下自己日常生活中喜欢的女性穿搭，重点是寻找时尚又好看的女性造型，借鉴这些资料来设计卡通人物形象。图 1

图 1 笔者搜集到的一些女性造型参考

02 创建画布

开始绘画前，需要先创建一个新画布。用户可以选择默认格式，例如 A4（210 x 297 mm，300 dpi）或单击“自定义尺寸”按钮创建自定义尺寸。图 2 请注意，画布的分辨率设置将影响图层的数量，画布越大或分辨率越高，图层数量越少。图 3

图 2 创建自定义画布

图 3 创建高质量的可打印画布，分辨率不能低于 300 dpi

未命名画布 取消 创建

宽度 2000 px

高度 1500 px

DPI 300

最大图层数 174

03 设计人物

新建画布后，选择系统自带的“6B 铅笔”笔刷进行草图绘制。“6B 铅笔”笔刷可以很好地模拟铅笔质感，非常适合用于绘制草图。用户也可以尝试使用“素描”画笔组中的任意笔刷，找出使用手感最佳的笔刷。

在这一阶段，可以根据之前搜集的资料设计几种不一样的服饰搭配与人物姿势，不同的姿态与造型会给人不同的感受，绘画时放松的心态有助于更好地把握设计灵感。图 4

图 4 在“素描”画笔组内可找到“6B 铅笔”笔刷

04 选区工具

图 5 “选区”是个很常用的绘画工具

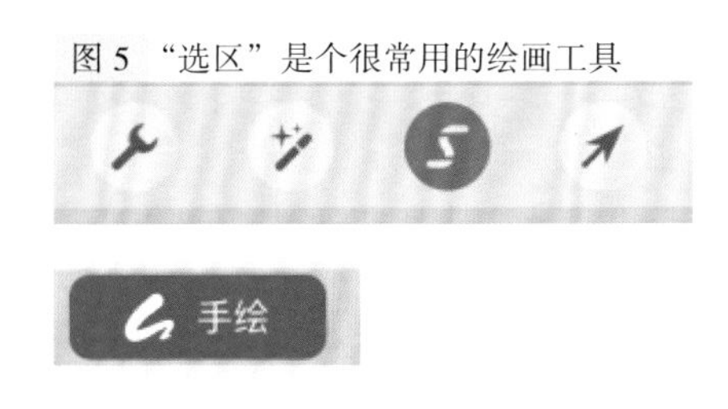

根据绘画主题，在四张人物草图中选择看起来更慵懒随意的那一张。选择“选区”工具中的“手绘”选项 图 5 ，圈选第二张人物草图，三指单击屏幕并下拉，弹出拷贝粘贴快捷界面，选择“拷贝并粘贴”选项，粘贴到新图层，隐藏其他角色图层 图 6 。

图 6 被选中的区域会有虚线显示

05 图层重命名

将复制后的新图层重命名为“草稿”。在绘画中，图层经常会累积到一个惊人的数量，这时图层的“重命名”功能可帮助用户有效地管理画面的所有素材。当需要修改画面的某个元素时，也能更快地找到正确的图层。图 7

图 7 应用图层重命名功能

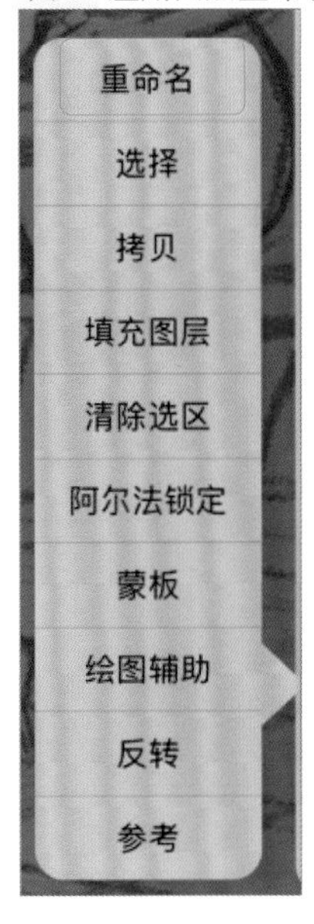

06 设计背景

接下来，为画面添加背景。本插画是以人物作为视觉中心，设计背景时需考虑衬托人物，不宜绘制太复杂的建筑，以保留天空大部分面积为佳。其次，需增加让画面更加唯美浪漫的元素，最终增加了法国铁塔、大楼、花坛等静物，从而让画面更加丰富，也让构图有了高低错落的层次感。图 8

图 8 添加背景元素

07 设计颜色

构图确认后，就可以上色了。在“草图”图层下方新建多个图层，并重命名为“衣服”“裙子”“皮肤”“背景”和“抱枕”。确保每个元素都单独建立相应的图层，方便后续修改。接着使用“硬画笔”笔刷绘制颜色，绘制完成后，将所有元素合并为一个组并重命名为“颜色 1”。图 9

图 9 在“气笔修饰”画笔组内可找到“硬画笔”笔刷

08 色彩搭配

在颜色搭配上，可以大胆地尝试不同的颜色搭配方案，最后选择最满意的一组。

复制“颜色 1”图层组并将其重命名为“颜色 2”，在“颜色 2”图层组中利用“调整”工具下的色相、饱和度、亮度功能改变元素的色彩，组合出不同的色彩搭配。最后合并各自的图层组。 图 10

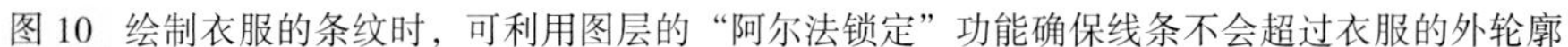

图 10 绘制衣服的条纹时，可利用图层的“阿尔法锁定”功能确保线条不会超过衣服的外轮廓

09 设计光效

在最上方新建图层，将图层的混合模式设置为“覆盖”并重命名为“光”。 图 11 为喜欢的颜色搭配设计光源色调与方向，为了绘制出午后阳光明亮的效果，光源选择暖色调的浅黄色，方向设计为右上方，打造逆光效果，为画面添加氛围感，最后合并所有图层。

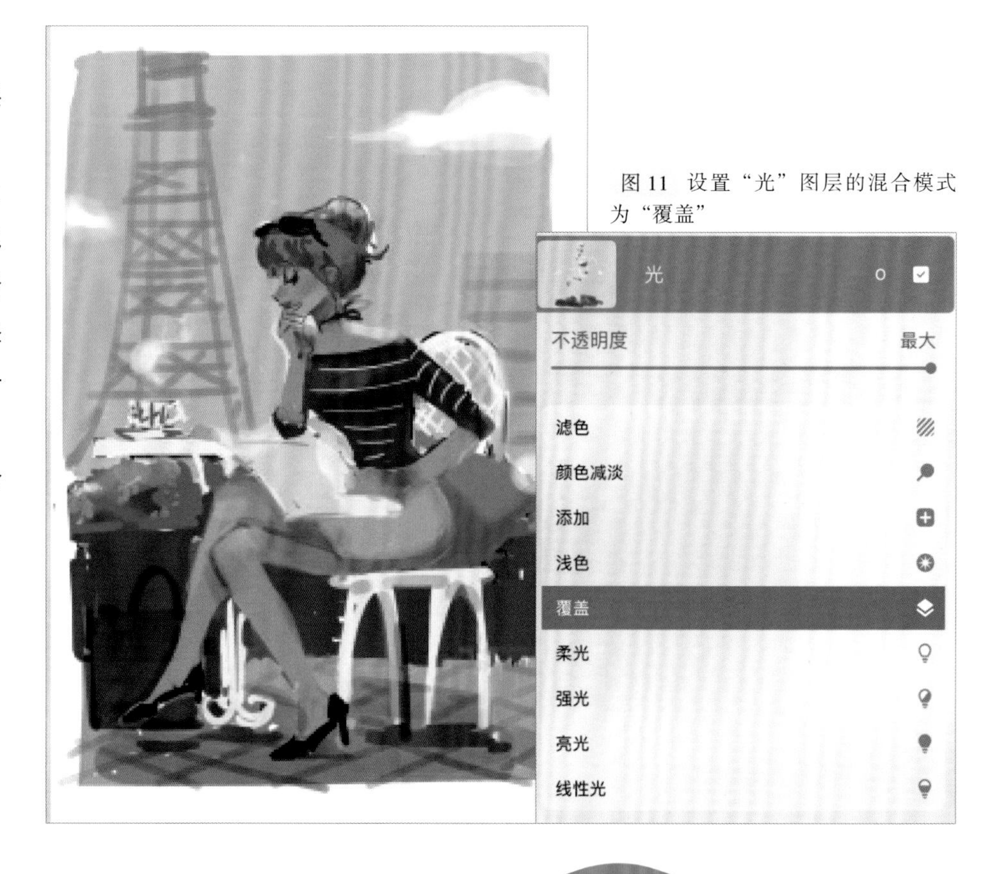

图 11 设置“光”图层的混合模式为“覆盖”

10 拷贝与粘贴

接着重复之前的步骤，创建一个新画布。然后返回原文件中，选择“选区”工具，圈选完整的构图，三指单击屏幕并下拉，弹出拷贝粘贴界面，选择“拷贝”选项。进入新画布，将其“粘贴”到新画布上，并重命名为“样稿”。图 12

图 12　三指单击屏幕并下拉，可快速弹出拷贝粘贴界面。“拷贝”和“粘贴”功能可在不同的画布中来回操作

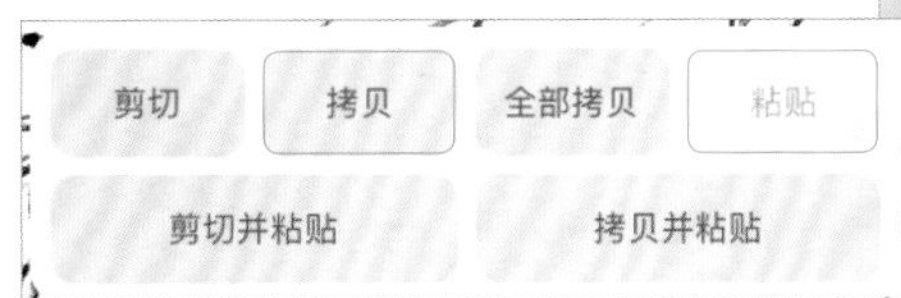

11 放置参考图

将“样稿”图层复制一遍，一张缩小放在画布的左上角作为之后的绘画参考。将另一张放大填充画布，设置图层不透明度为 15% 作为底稿。图 13

图 13　设置底稿的不透明度为 15%

12 绘制草稿

放大后的设计稿画面比较模糊，需要重新绘制草稿，为之后的线稿做基础。

在最上方新建图层并重命名为“草稿”，选择“6B 铅笔”笔刷，颜色选择蓝色，按照底稿描摹出人物与背景。在描摹中可调整人体结构并增加场景细节，画完后再将图层不透明度设置为 44%。图 14

图 14 在“素描”画笔组内可找到“6B 铅笔”笔刷

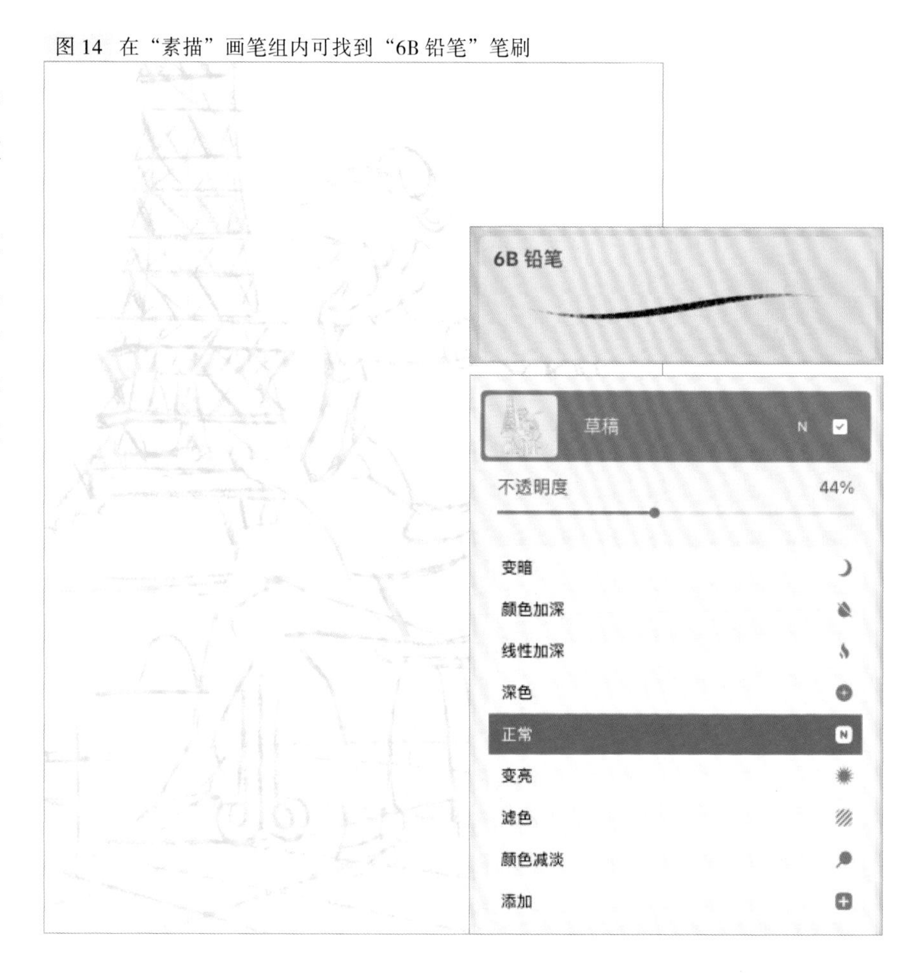

13 绘制线稿

继续新建图层并重命名为“线稿”。这一步需要具体刻画人物细节，为之后的上色打好基础。

选择“胡椒薄荷”笔刷，这款笔刷的边缘颗粒感比较弱，线条边缘的流畅感更佳。颜色选择红色，能更贴合暖色调的整体画面。图 15

以人物为主的插画中，线条颜色的选择决定了画面设计的色调关系，例如：暖色调可以选择红色或棕色；冷色调可以选择蓝色或灰色。

图 15 在“素描”画笔组内可找到“胡椒薄荷”笔刷

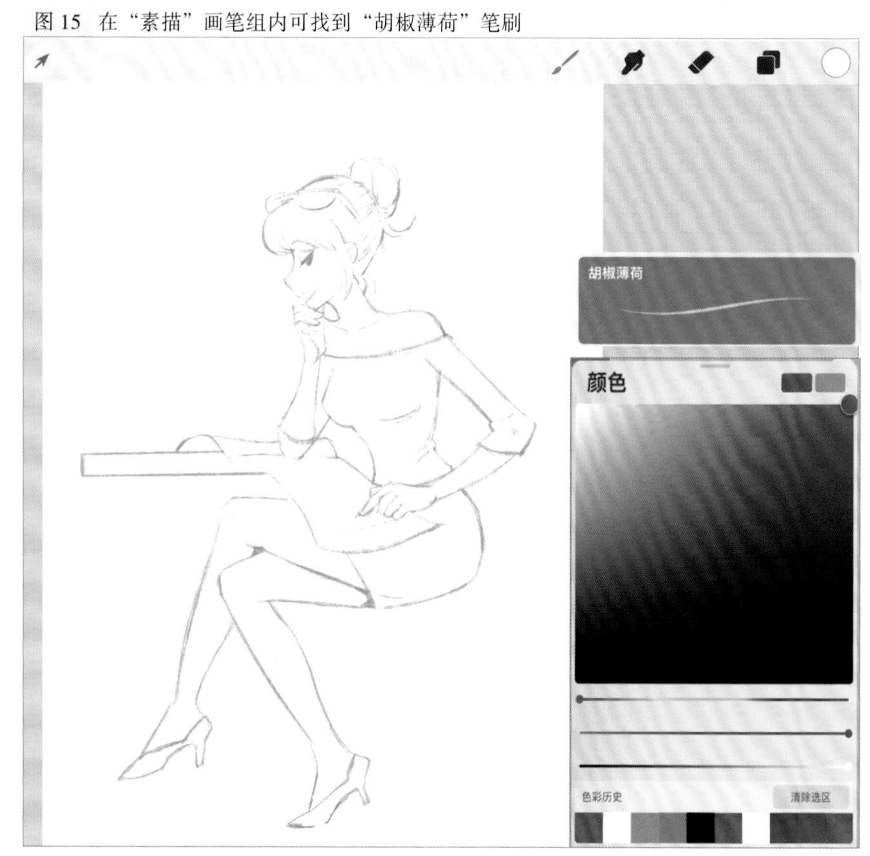

14 设置背景色

为了方便观察之后的上色，先把背景色设置成灰色，方便在绘画过程中观察人物涂色是否会溢出边缘。图 16

图 16 选择背景颜色图层，可直接设置背景的颜色

15 吸色上色

在“线稿”下方新建图层，并将其重命名为“皮肤”。使用吸管工具吸取左上角参考图的皮肤色，右上角的色板将自动替换成所选颜色。使用“糖露”笔刷绘制整个角色的外轮廓，确保外轮廓线没有缝隙，颜色填充完整。图 17 如果有颜色溢出，就用橡皮擦除。

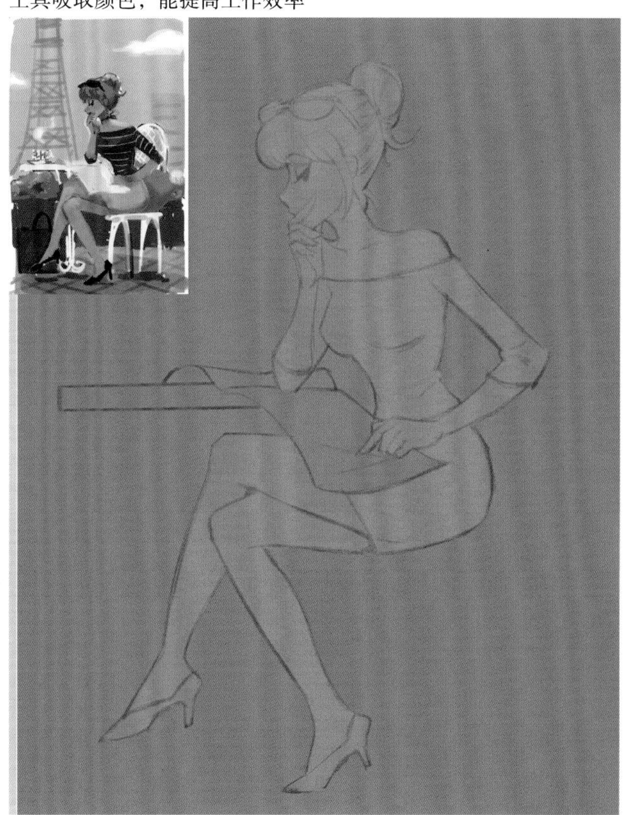

图 17 长按画面某处停顿几秒，将自动弹出吸管工具。使用吸管工具吸取颜色，能提高工作效率

16 绘制衣物

在“皮肤”图层上方新建四个图层，分别绘制人物的不同衣物。通过图层选项设置中的“剪辑蒙版”功能，可快速勾勒出该衣物的准确轮廓而不怕涂出人体范围。选择相应的图层（例如裙子），然后选择“剪辑蒙版”，图层将自动裁剪到下面的一个图层。结合快速颜色填充技巧，可节省大量的敷色时间。图 18

图 18 将所有元素图层重命名后，设置为“剪辑蒙版”的图层都有一个左侧向下小箭头映射到“皮肤”图层上

17 绘制背景

人物底色敷完后新建图层，绘制背景线稿。注意“背景”图层处于“皮肤”图层的下方。图 19

图 19 绘制背景线稿

小贴士

画笔和橡皮擦笔刷的设置

在绘画中，画笔和橡皮擦的笔刷都可以随意设置。用户可以用同一种笔刷设置画笔与橡皮擦，亦可以用不同的笔刷来设置。具体看画面的整体需求。

单击橡皮擦图标，弹出画笔库，可以任意选择笔刷。

18 背景敷色

在“背景”线稿下方新建几个图层，使用“水星”笔刷绘制背景的不同元素，注意背景元素的层级关系。图 20 和人物上色一样，使用吸管工具可快速设置背景的底色。

底色绘制完毕，分别将人物元素与背景元素组合成不同的组。

图 20 在“着墨”画笔组内可找到“水星”笔刷

19 调整肤色

底色全部敷完后发现皮肤的颜色略深，显得人物画面不够干净，可以使用色相、饱和度、亮度工具提亮皮肤的颜色。图 21

图 21 调整“饱和度”和“亮度”值来提亮肤色

20 使用蒙版细化头发

找到“头发”图层，选择图层的“选择”选项后，再新建图层并选择“蒙版”选项，新建的图层会自动设置出头发的蒙版。图 22 然后使用“硬画笔”笔刷绘制头发的明暗关系，增加头发的体积感。

图 22 “蒙版”与“剪辑蒙版”功能相似，可根据具体的画面需求和个人习惯来选择

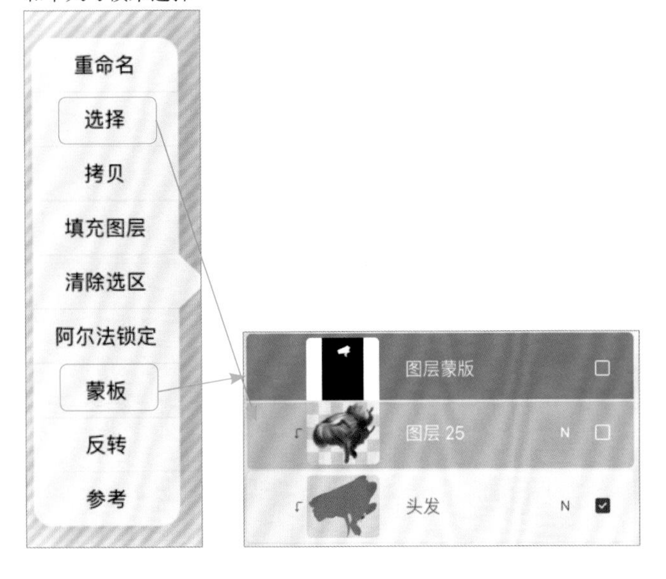

21 添加衣物结构

选择相应的图层，为衣物增加褶皱和结构关系。注意衣物的暗面要符合光源定位方向，褶皱的走向要符合人体的姿势动态。图 23

图 23 为衣物添加褶皱和结构关系

22 添加衣物条纹

找到“上衣”图层，在上方新建剪辑图层并使用“水笔”笔刷画上装饰条纹，条纹要根据人体的结构产生起伏，切忌画成没有变化的直线。最后把图层混合模式设置为“颜色减淡”，将不透明度设置为 67%。图 24

图 24 在“书法”画笔组内可找到“水笔”笔刷

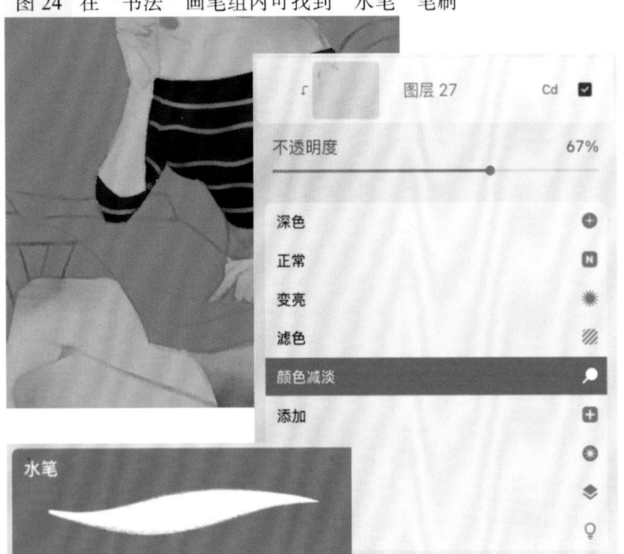

23 添加皮肤纹理

找到“皮肤”图层，利用“阿尔法锁定”功能将图层锁定。选择“水笔”笔刷，在人体各关节处画上浅浅的红色，增加皮肤的通透感。图 25

图 25 表现人物皮肤的通透感

24 添加五官细节

在最上方新建两个图层，分别用于细致刻画脸部的五官与发丝。用黑色绘制眼线与睫毛，用浅一些的棕色绘制眼睛虹膜，最后画上高光，让眼睛有神。画上口红时，需注意被手指挡住的一部分不要涂过界。头发要一根根画出最亮与最暗的部位，增加头发的层次与光泽。最后再新建图层，使用“纹理”笔刷浅浅地加深皮肤纹理并将图层混合模式设置为“颜色加深”，将图层不透明度设置为83%。图26

图26 刻画人物脸部细节

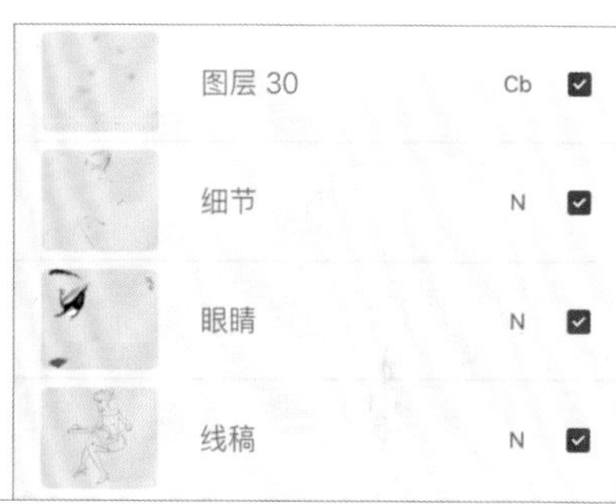

25 添加灌木与地面结构

人物绘制完成后，在场景线稿下方新建多个图层，分别用于绘制花草的细节与地面的纹理图案。图27 在绘制时要注意先画出灌木的暗部，强调整体的体积感，然后再绘制花朵与叶子的亮部，增加树叶的丰富度，让灌木形成层次与立体感。

图27 注意图层之间的上下层级关系

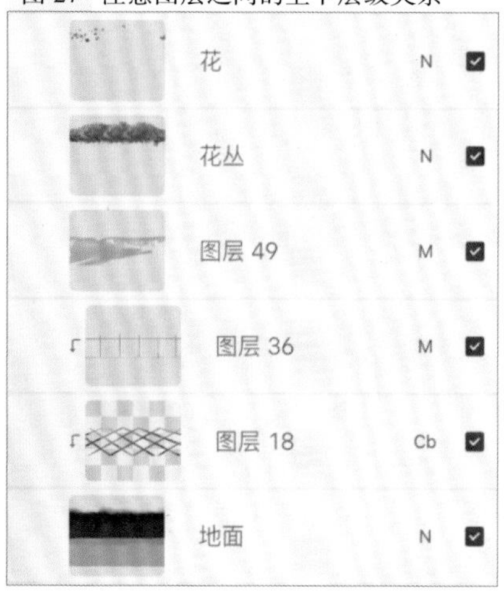

26 添加铁塔与云彩元素

继续新建图层，用于绘制远处的大楼和铁塔。为了拉开空间的虚实关系，不用绘制得特别精细，明确整体的明暗结构即可。图28

图28 绘制远处的大楼和铁塔

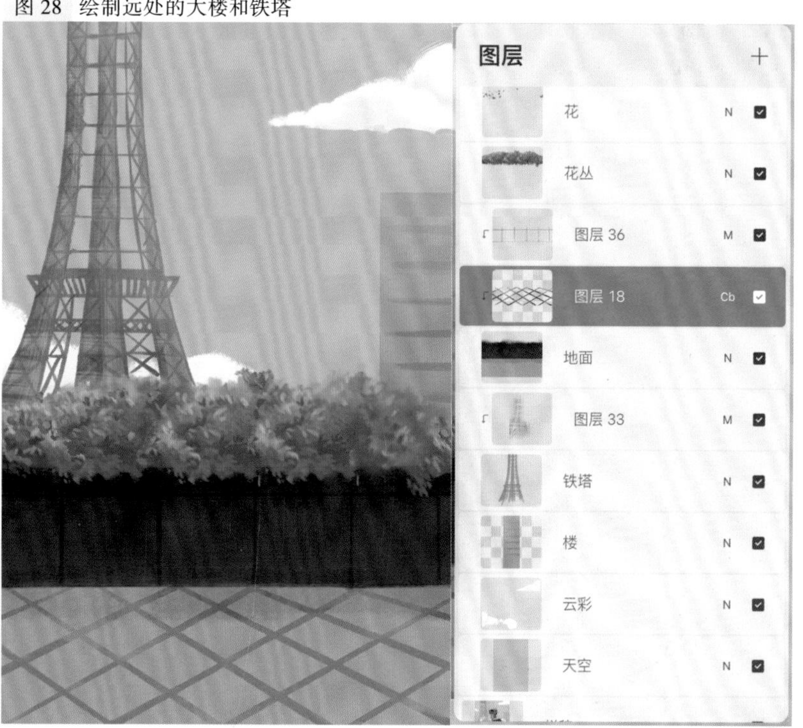

27 模糊背景

将天空、云彩、大楼、铁塔图层创建为一个图层组并合并为一个图层。选择“调整”工具下的“高斯模糊”选项，左右调整参数让背景模糊化，使远景与中景的空间感拉得更远。图 29

图 29 模糊背景

调整
不透明度
高斯模糊
动态模糊
透视模糊

28 查漏补缺

观察整体画面，对细节进行细化。新建图层，分别为茶杯绘制图案和水蒸气。先用“水笔”笔刷，绘制出茶杯的整体暗部与反光。新建剪辑蒙版，利用“鹰格霍”笔刷绘制水蒸气效果，并将图层混合模式设置为“添加”，将不透明度设置为81%。图 30

图 30 在“绘图”画笔组内可找到“鹰格霍”笔刷

29 合并图层

复制人物图层组，并将图层组平展为一个图层。在最上方新建剪辑图层，重命名为“阴影”。为人物绘制出整体的投射阴影与闭塞阴影，强化人物的立体感。绘制完成后，将图层混合模式设置为“正片叠底”，将不透明度设置为 76%。 图 31

图 31 增强人物的立体感

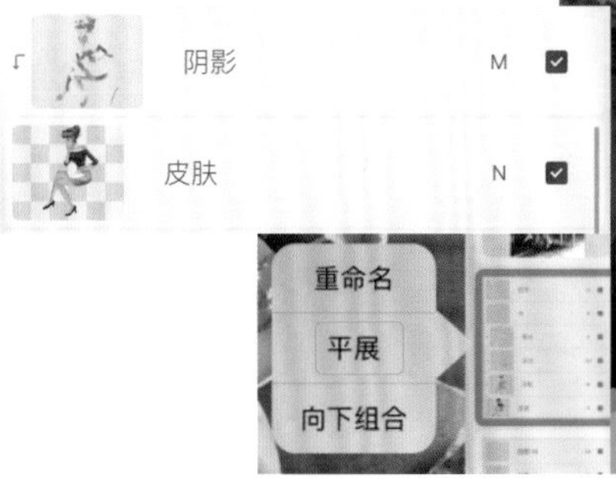

30 添加光效

在人物上方新建多个图层，为人物添加光效，增加氛围感。使用浅黄色绘制逆光的高光，将图层混合模式设置为“添加”；使用浅橙色绘制阳光直射皮肤后形成的反光，将图层混合模式设置为“颜色减淡”；使用浅白色和浅黄色在人物边缘绘制出柔和的光圈，添加光晕，将图层混合模式设置为“添加”。

为了让光感更自然，不造成曝光的效果，每个图层的不透明度都需要互相调整，以达到最佳的效果。 图 32

图 32 为人物添加光效

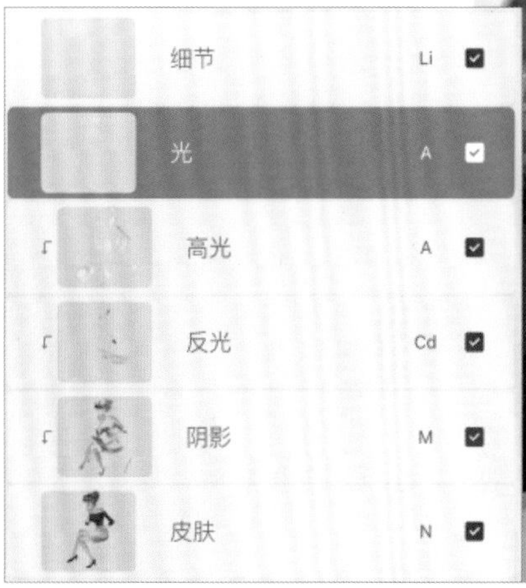

31 添加背景光效

重复上一步骤，复制背景元素组，并将组平展为一个图层，为背景添加阴影与光效。

绘制人物与桌椅投射下的阴影时要注意阴影的近实远虚，不要忘记给桌椅与花坛等景物也画上光效。最后使用浅蓝色的“中等喷嘴”笔刷，在人物周围绘制出环境光与右下角的强曝光效果。不同强度的光效会给画面带来不一样的氛围感。图 33

图 33 在“喷溅”画笔组内可找到“中等喷嘴”笔刷

32 添加细节

继续在最上方新建图层，重命名为“细节”。为人物绘制出阳光照射下发光的发丝，空气中细微灰尘形成的发光颗粒。这些小细节能够为画面添加一些唯美的氛围。

图 34

图 34 为画面增添唯美的氛围

33 曲线调色

最后合并所有图层，利用“曲线”工具调整画面色彩的对比度与饱和度。调整红色曲线，让人物与天空的对比更强烈；调整伽玛曲线，让光感与阴影的对比更富有层次。图 35

图 35 利用曲线工具调整画面色彩

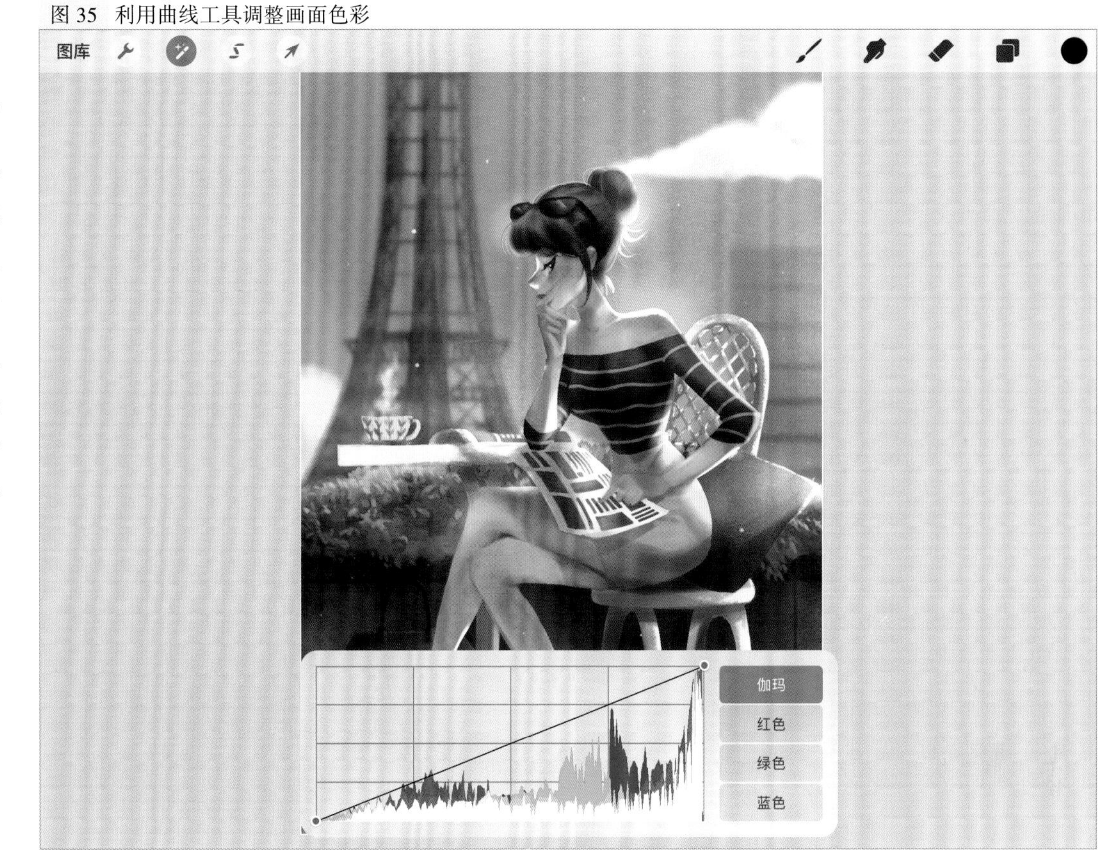

34 检查画面

最后，别忘记对整张插图的细节进行检查，发现问题就立刻解决。例如，这里我们就发现角色脖子上缺少了项链，立刻新建图层补充上，完成最终图像。图 36

图 36 添加项链元素

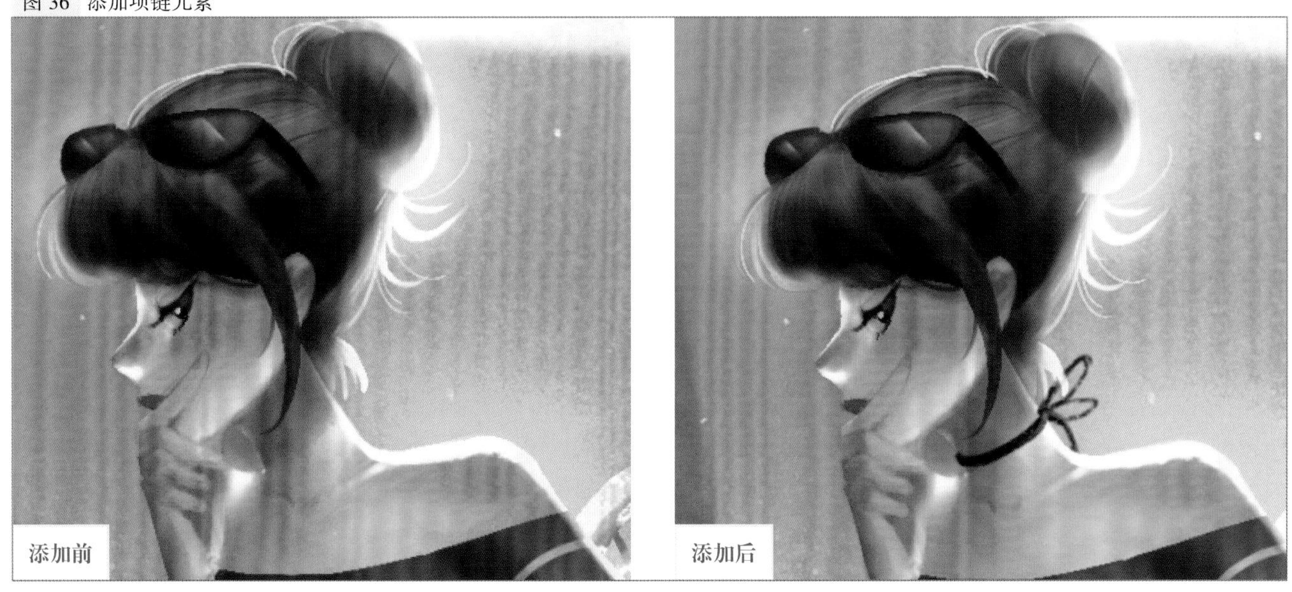

最终的图像

最终画面突出了人物和强烈的光感，让整张插图有了强烈的氛围感。作为画面的视觉中心，强光打在人物身上使角色有了更强的视觉对比，与弱化的背景形成了主次。人物的姿势和服装搭配也符合最初的设计想法，背景的颗粒元素增加了空间的层次与质感，花朵和报纸等细节增加了画面的丰富度。整个画面让我们感受到光影对画面的重要性。

案例效果展示 · 噘嘴

案例效果展示 · 喝杯咖啡

案例 3

花间小屋

整体思路

这幅图的灵感来源于欧洲童话中的小精灵。在花草间，一座精致的小房子。靠近水源，还有一个小小的码头。午饭时间，炊烟袅袅，船靠岸了。

本案例将介绍建筑场景绘画的详细步骤。利用多种元素创造想象中的世界，我们将学会如何把一个简单的创意变成一幅丰富的插图；学习利用普通的事物，通过夸张变形产生新的视觉效果。

此外，我们还将学习如何利用变形工具让自己的草稿快速变形，达到怪诞又有趣的画面效果；学习如何利用形状概括想绘制的物体，并添加阴影层来快速塑造立体感；还将学习如何通过光影来塑造画面的氛围、利用肌理笔刷快速增加画面的层次。

重要的是，学习使用本案例的技巧，将脑中幻想的世界变成作品展示给别人。

在本章中，你可以学到：

- 如何使用阿尔法锁定
- 如何使用剪辑蒙版增加纹理
- 如何使用图层混合模式调整画面光影
- 如何制作属于自己的笔刷
- 如何使用变形工具
- 如何使用模糊工具表现景深

创作步骤

01 寻找灵感

在构思阶段，我们可以根据灵感在网络上寻找可以参考的元素，也可以使用自己旅行拍摄的照片素材。在绘制建筑类插画时，我们可以从现实世界获得真实有效的结构知识。毕竟，真实的细节是支撑画面生动的基础。了解了建筑方面的知识再进行创作，可以避免很多常识性的错误。图 1

图 1　多种途径寻找适合的资料作为参考，但请勿使用没有版权的图片

02 绘制草图

根据搜集的资料，开始绘制建筑草图。我们可以使用系统自带画笔“绘图”中的“暮光”笔刷，此笔刷有铅笔肌理和深浅变化，很适合绘制草稿。如果不是很擅长变形物体，可以绘制出比较符合真实建筑结构的草图，明确所有想包含的房顶、阁楼、门窗、门廊。图 2

图 2　使用系统自带画笔“绘图”中的“暮光”笔刷绘制草稿

暮光

03 使用变形工具

我们将绘制好的草稿缩小并复制成四个图层，然后将它们排列在画面中。使用变形工具中的“弯曲”工具来一一调整它们的形状。“弯曲”工具可以随意地扭曲变形选中的图层。也可以尝试不同的夸张变形方式，直到达到自己满意的效果。 图 3

图 3　变形工具面板中包含四种不同模式的变形方式

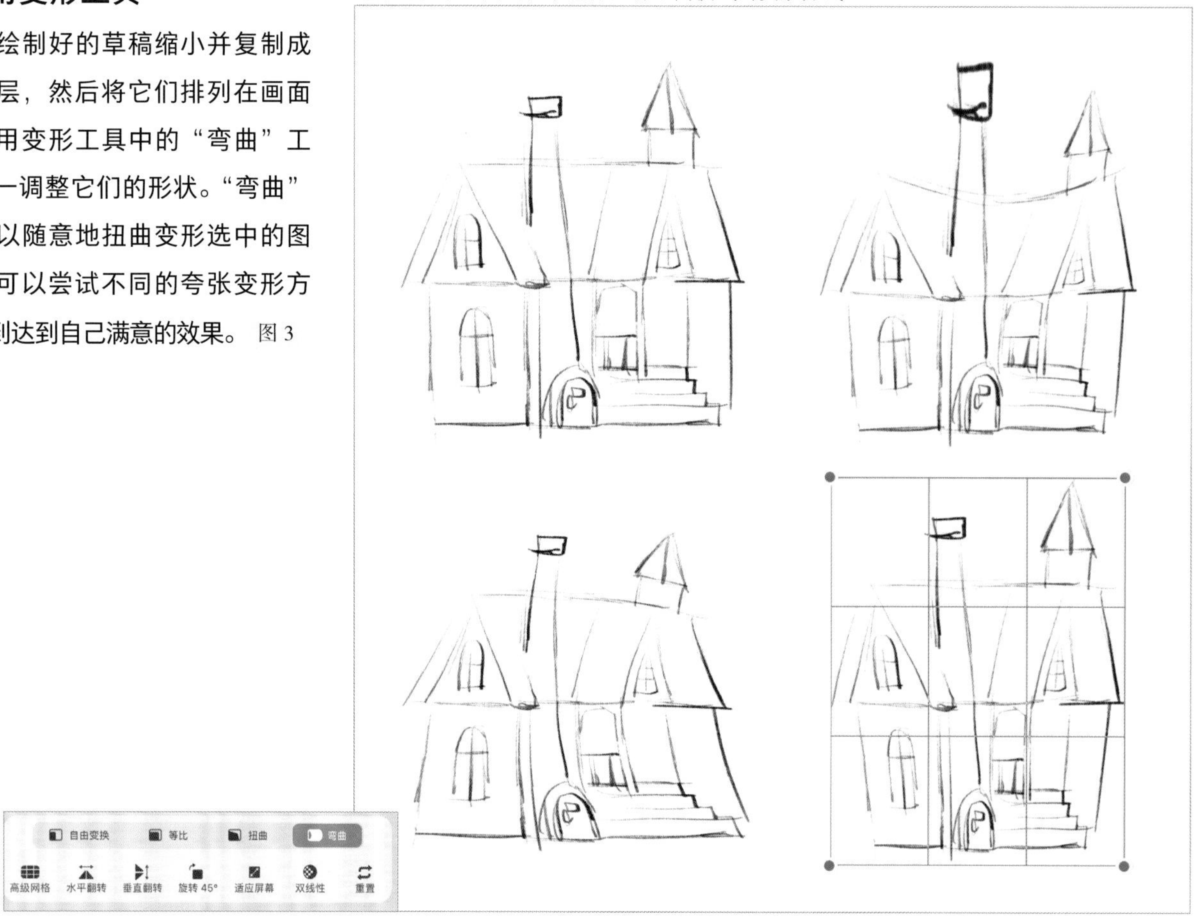

04 新建文件

在图库中新建一个文件，命名为“花间小屋”。设定需要的画布尺寸，并且将分辨率（DPI）设为 300。将刚才草稿文件中变形效果较满意的一个图层选中，并拖曳到“图库”图标上，不要松开继续拖曳至新建的画布中。 图 4

图 4　将满意的变形效果拖入新文件中

05 使用“液化”工具

使用“液化”工具面板中的“推”工具对草稿进一步变形，达到想要的效果。“推”工具能小范围改变图像，使线条向推动的方向移动。当然也可以使用“选区”工具选中需要变形的小部分，然后用“变形”工具变化它。但“液化”工具更加快捷灵活。

修改后，我们将在小房子周围添加环境元素的草图，包含花朵、河流、船、码头等。图 5

图 5　使用时可调整四个滑块改变“推”工具的各项参数

06 检查构图

使用“操作”工具列表中的“水平翻转画布”对图像进行镜像，观察草图结构是否合理。在这一步仔细地来回翻转检查，可以有效地找出结构上的问题。图 6

图 6　观察草图结构

07 绘制线稿

草稿修整完毕，将草稿层不透明度设置为 30%。在上方新建一个图层进行线稿绘制。这一步需要刻画具体的细节，为之后上色打好基础。图 7

图 7 进行线稿绘制

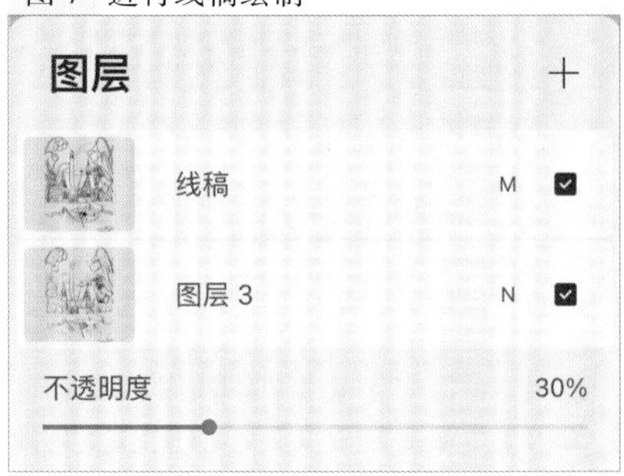

08 使用“速创形状”功能

在绘制线稿时，可以使用“速创形状”功能让线条更加平整光滑。这一功能特别适合绘制建筑等直线构成比较多的景物。图 8

09 填充底色

在开始塑造画面之前，我们需要在线稿层下方新建一个图层为画面填充底色。根据整幅图的氛围，选择柔和明亮的蓝色更能表达画面温馨轻松的氛围。使用“快速填充”功能，拖曳颜色按钮至画布，即可填充当前颜色。图 9

图 8 使用“速创形状”功能绘制线条

图 9 为画面填充底色

10 色彩搭配

将线稿层设置为“正片叠底”模式，将不透明度设置为 40%。在下方新建图层，用于绘制色稿。用户可以选择带有笔刷肌理的画笔来快速绘制，例如“书法”中的“粉笔”画笔。不用担心边缘不够完美，也不用理会小细节的部分，因为这只是试验颜色搭配的草稿，重要的是概括整体的感觉。我们可以根据不同的感觉搭配若干方案，最后选择最合适的。图 10

图 10 从多个色彩搭配中选择最合适的

11 设计光源方向

保留最喜欢的颜色搭配图层，将其他图层隐藏或删除。在颜色草稿层上新建一个图层，属性设置为“正片叠底”模式。选择浅蓝灰色，绘制阴影效果。

接着，在这个图层上为画面设计光影走向的草稿。光影的不同带给人不同的氛围，例如逆光神秘、顶光圣洁、底光恐怖。这里选择最能凸显中间房屋的侧光。图 11

图 11 不同光源会对画面氛围产生影响

12 自制画笔

草图全部准备完毕，为了进行下一步的绘制，需要制作一个能更精细控制细节的笔刷。我们可以在系统自带的笔刷库中选择效果接近需求的笔刷。以“书法”中的“页岩画笔”笔刷为例，它有不规则的毛笔质感的纹理，也有适度的颜色变化和压感变化，但是画笔形状不易控制。把笔刷向左滑动，复制笔刷，然后单击笔刷进入画笔工作室，在面板中的“形状来源”中将原来的月牙形替换为柔和边缘的圆形，即可拥有改进的“页岩画笔 2”笔刷。

图 12

图 12 制作更符合绘画需求的笔刷

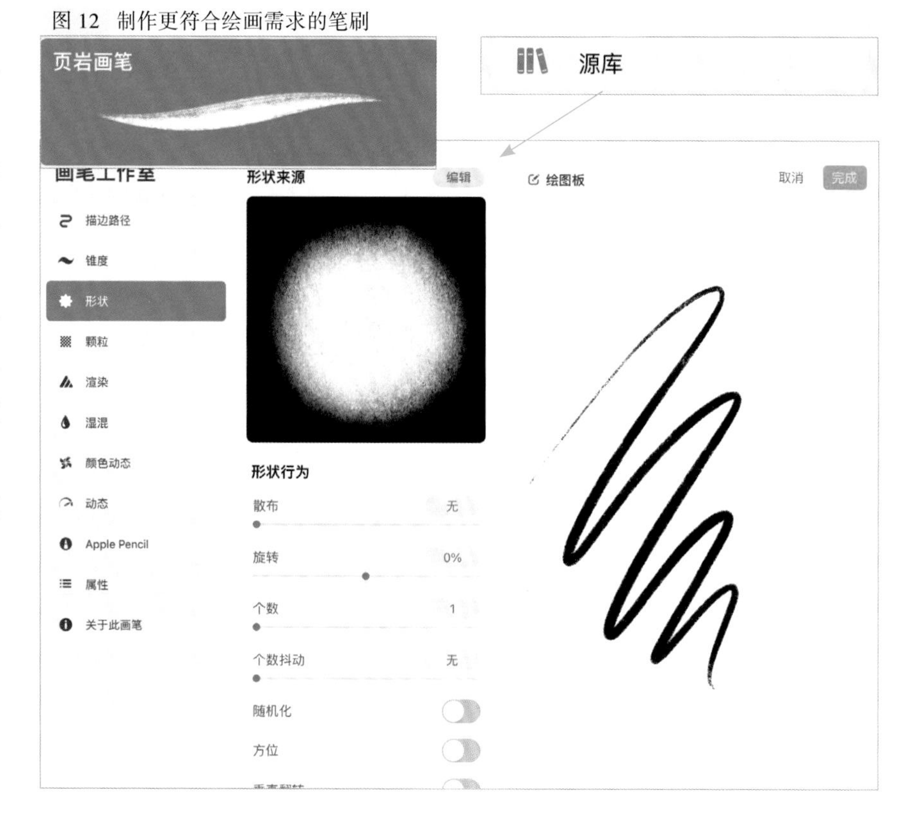

13 放置参考图

将线稿图层复制一层并置于文件顶部，然后将其中一个线稿、色稿、阴影合并为一个图层，并放置在文件顶层，缩小至画布一角作为参考。删除不需要的图层，保持文件的整洁。 图 13

图 13 缩小参考图并放置于画布一角

14 绘制颜色渐变

将线稿图层的不透明度设置为15%。然后在线稿图层下创建新图层，命名为“天空”，并填充浅蓝色作为底色。吸取更浅一点的灰蓝色，用“软画笔”在画布下方涂色，并用“高斯模糊”滤镜将两种颜色融合成过渡均匀的渐变。图 14

图 14 使用“高斯模糊”滤镜融合两种颜色

15 绘制背景底色

在“天空”图层上新建两个图层，使用“页岩画笔 2”笔刷，分别根据线稿绘制出草地和河水的轮廓。确认线条完全闭合，然后用快速填充工具给它们上色。要仔细查看是否有漏下的空隙。图 15

图 15 绘制草地和河水轮廓

16 绘制树丛底色

在草地图层下新建一个图层，用步骤 15 的方式绘制背景树丛。将树丛图层阿尔法锁定。用“软画笔”笔刷将较浅的绿色涂在靠近天空的树丛上，将较深的颜色涂在根部，拉开画面的空间感。然后使用“高斯模糊”滤镜，使颜色过渡更加自然。图 16

图 16 绘制背景树丛

17 绘制房屋的轮廓

在“草地”图层上新建图层用来绘制房子。使用房子配色面积最大的米灰色，根据线稿快速勾勒整个房子的轮廓，然后快速填充颜色。在这一步，尽可能细致地描绘出轮廓的细节，比如瓦片会造成的凸起或是房檐转角的厚度。绘制后，将图层阿尔法锁定。图 17

图 17 锁住图层，保证物体轮廓始终不变

18 分层绘制房屋细节

在房子图层上新建多个图层，分别绘制房子不同颜色的组成部分。这些图层都要设置为剪辑蒙版，这样就无需担心颜色会涂出房子的轮廓，更重要的是方便之后给房子的所有图层增加阴影。图 18

图 18 将不同颜色和位置的细节分层绘制，有助于修改和调整画面细节

19 提亮房顶

将房顶图层阿尔法锁定，然后选择合适的颜色在亮面提亮房顶的颜色，让它产生微妙的颜色变化。我们可以保留部分笔触，体现瓦片坚硬的质感。 图 19

图 19 提亮房顶的颜色

20 绘制瓦片

在房顶图层上面新建一个剪辑蒙版图层，属性设置为“正片叠底”，用来绘制瓦片的纹理。注意瓦片的排列不用特别规则。 图 20

图 20 绘制瓦片纹理

21 绘制窗户细节

将窗框图层阿尔法锁定，直接刻画出窗框的厚度和窗框上雕刻的花纹。要注意近实远虚，距离较远的窗户在刻画时颜色对比度要小一些。再将窗户玻璃图层阿尔法锁定，刻画阴影、反光和花纹。 图 21

图 21 刻画窗框的厚度并雕刻花纹

22 绘制铁门

在烟囱图层下新建剪辑蒙版图层，绘制灰色的铁门。用较深的颜色刻画把手、铆钉等元素，可以用红咖色给它增加锈迹斑斑的感觉。画笔可以使用“木炭”中的“烧焦的树”画笔。图 22

图 22 刻画铁门的细节

烧焦的树

23 添加烟囱的纹理

在烟囱图层上新建剪辑蒙版图层，将图层属性设置为“正片叠底”。选择自带画笔中的肌理画笔，给烟囱增加石头质感的纹理，例如“工业”中的“生锈腐烂”画笔。再用“页岩画笔”笔刷，画出若隐若现的石块堆积的纹理。图 23

图 23 刻画烟囱的细节

24 绘制门廊

将门廊图层阿尔法锁定，在上面新建剪辑蒙版图层，绘制立体感。图 24
需要柔和过渡时，可使用“涂抹”工具。注意颜色要有一些冷暖变化。

图 24 为门廊增加立体感

25 绘制台阶

将台阶图层阿尔法锁定，然后给台阶增加类似石头堆出的纹理。图 25

图 25 为台阶添加纹理

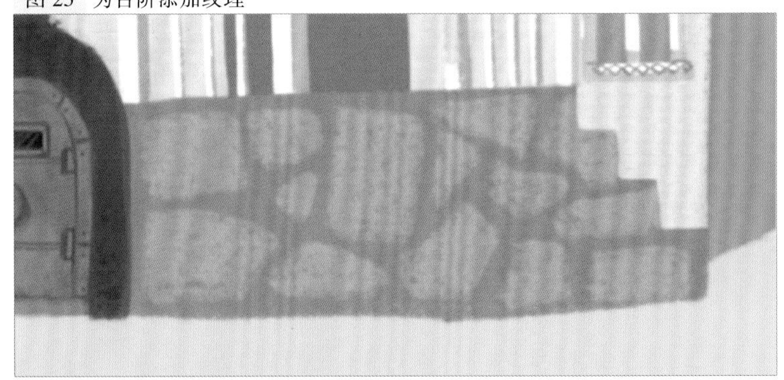

26 增加细节

在所有房子图层顶部新建一个图层，刻画房子上的其他小细节。不要忘记绘制房顶的避雷针和风向仪。图 26

图 26 增加房子顶部的细节元素

27 绘制房门

将房门图层阿尔法锁定，刻画出房门的立体感，对比度不用特别强烈。图 27

图 27 刻画房门的立体感

28 增加冷暖变化

在所有房子图层顶部新建一个剪辑蒙版图层，属性设置为“柔光”。用“软画笔”给房子增加一些冷暖变化，受光面偏暖，背光面偏冷。图 28

图 28 “柔光”属性会给下层的图层添加色相变化而不影响亮度

29 添加阴影

在刚才图层顶部新建一个剪辑蒙版图层，命名为“阴影”，属性设置为“正片叠底”。使用蓝灰色，为房子画上阴影，笔刷可以使用“页岩画笔 2”。这时我们只需要考虑房子的素描关系，把立体感表现出来。需要柔和过渡时，可以使用涂抹工具软化边缘。 图 29

图 29　注意刻画阴影边缘的虚实变化

30 刻画瓦片

在阴影图层上新建图层，命名为“润色”。在这个图层中，我们将房子受光面都加上一些鲜艳色提亮，并仔细刻画瓦片的体感。可以使用“偏好设置”中的“手势控制”，将吸管工具设置为“触摸并按住”，方便快速吸取画面的颜色并加以利用。 图 30

图 30　手势设置可以帮助我们快速吸取画面上的颜色

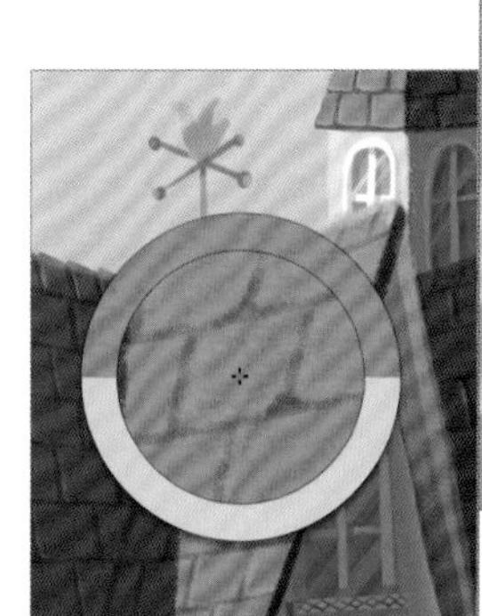

31 绘制花朵

在树丛图层上方新建剪辑蒙版图层，绘制不同颜色的花朵。花瓣根部可以用“软笔刷”添加一点色彩变化。调整笔刷透明度，可以减弱颜色间的对比。

在花朵图层上新建剪辑蒙版图层，属性设置为“正片叠底”。用灰色刻画出植物的明暗变化。图 31

图 31　利用“正片叠底”属性，可以绘制阴影而不改变下层涂层的笔触细节

32 绘制小路和码头

在草地图层上新建图层，命名为“小路”，绘制小路和连接的码头。可以将图层阿尔法锁定，直接在上面绘制出路面和木头的纹理。绘制完成后新建图层，属性设置为“正片叠底”，用灰蓝色为草地、小路和河水添加阴影。图 32

图 32　绘制小路和码头，并为草地、小路和河水添加阴影

33 绘制水面的波纹

将河水图层阿尔法锁定，用不同深浅的蓝色绘制出水面的波纹。要注意刻画出草地、码头在水面的反光。图 33

图 33 绘制蓝色的水面波纹

34 添加荷叶元素

新建一个图层，绘制水面的荷叶。荷叶画好后复制该图层，并用颜色调整工具将它改为灰绿色。将该图层模式设置为“正片叠底”，并稍稍向下移动作为荷叶在水中的阴影。我们也可以使用“动态模糊”滤镜，使其更有倒影的感觉。图 34

图 34 绘制荷叶并添加倒影

35 绘制树叶船和精灵

新建一个图层，绘制树叶船和小精灵的剪影，并对其阿尔法锁定。 图 35

图 35 绘制树叶船和小精灵剪影

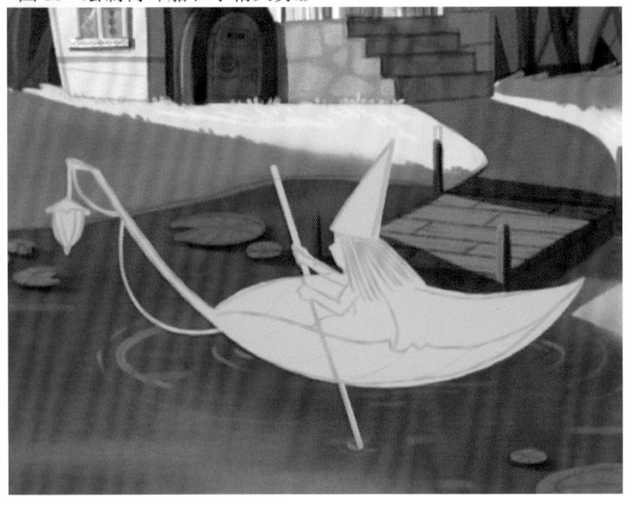

36 添加色彩和阴影

在小船图层上新建剪辑蒙版图层，刻画树叶和小精灵的细节。再新建剪辑蒙版图层，属性设置为“正片叠底”，为它们添加阴影。 图 36

图 36 刻画树叶和小精灵的细节

37 绘制灯光和小船阴影

在小船图层最上面新建图层，刻画小船的高光，用“软画笔”画出船上油灯的光线。再给水面增加折射的亮点。

根据小船的位置，在河水图层中加深小船和码头造成的阴影，使水面更有深度。 图 37

图 37 阴影可以使物体显示出厚重感

38 添加倒影

将房子所有图层合并成一个组。复制该组，并将其合并为一个图层。使用变形工具中的“垂直翻转”将它翻转成倒影的方向，然后利用“动态模糊”工具，使其产生倒影模糊的感觉。将这个图层移动到河水图层上方，调整不透明度让它看上去更加自然。我们也可以使用较软的橡皮擦，擦出若隐若现的感觉。图 38

图 38 为房子添加倒影

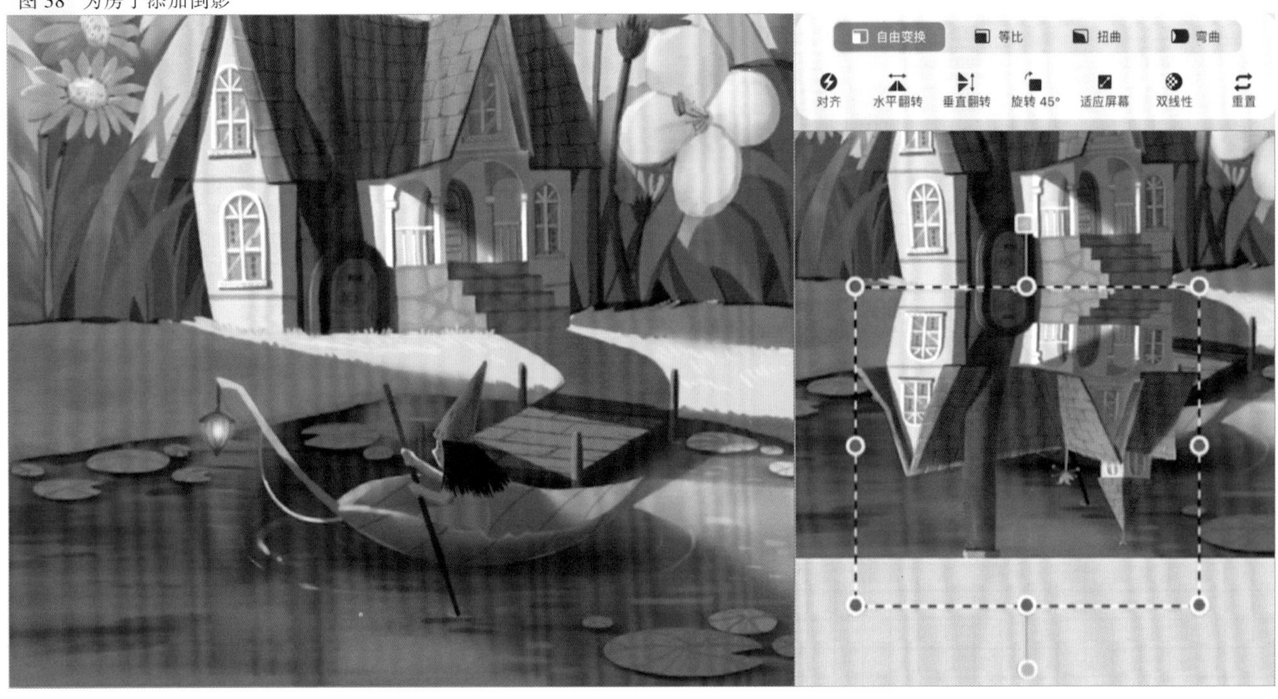

39 绘制炊烟效果

在房子图层后新建一个图层，选择纹理蓬松的画笔，例如“粉笔”画笔，画出炊烟。通过不断调整画笔的不透明度，可以产生烟雾的半透明感。再使用“涂抹”工具让边缘更加柔和。图 39

图 39 刻画炊烟效果

40 增加空气感

在所有图层的最顶部，将房子、草地明暗交界的部分用亮色强调。再用“喷漆”中的“中等喷嘴”笔刷给画面增加空气感。图 40

图 40 使用“中等喷嘴”笔刷

41 调整画面

最后将所有图层复制并合并。利用“曲线”工具调整画面，完成后可以将它储存并分享至相册。图 41

图 41 调整不同通道的颜色，可以获得不同的画面效果

最终的图像

画面呈现了一个温馨静谧的角落。在巨大的植物中间，一个可爱的小房子，一只乘树叶船归来的小精灵正准备回家，阳光洒在屋顶上、草地上、花瓣上。通过本案例的学习，掌握如何在 Procreate 中从无到有塑造一个特别的建筑。高效地利用变形工具、液化工具，可以让我们越来越擅长绘制既符合原理又富有特色的插图。

案例效果展示 · 气球

案例效果展示 · 街道

案例效果展示 · 海边小屋

案例 4

穿越云海

整体思路

飞翔是人类最古老的梦想，飞机可以载着我们翱翔于壮阔的层层云海中，远处的阳光照在云海上投射出亮丽的颜色变化，而眼前的飞机仿佛就要冲破画面，飞向远方。

本教程将介绍飞机穿越云海场景绘画的详细实现步骤。我们将学会如何设置画布大小、如何使用分屏功能提高绘画速度、如何利用图层混合模式的不同设置叠加出最好的画面效果，以及如何利用 Procreate 自带的基础笔刷绘制出逼真的金属质感。接下来，让我们进入正题。

本教程中，你可以学到：

- ✓ 如何使用分屏功能
- ✓ 如何使用绘画指引和对称工具
- ✓ 如何使用选区工具
- ✓ 如何观察画面的素描关系
- ✓ 如何使用动感模糊工具制作高速运动感

创作步骤

01 搜集资料

在开始绘画之前，需要花一些时间收集参考资料。不同类型飞机的结构设计与风格是不一样的，利用图片搜索引擎搜集相关的图片，建立图片库。基于真实的观察，会让我们的设计方向更加明确。 图 1

图 1 笔者搜集到的飞机参考图片

02 设置分屏

为了方便接下来的绘画，我们使用 iPad 的分屏功能将“照片”应用程序拖放到 Procreate 的旁边。在“照片”应用程序中可来回拖动参考图片，方便观察不同类型的飞机。分屏操作能够大大提高工作效率。

图 2

图 2 Procreate 软件正常打开，从屏幕下方向上滑动，弹出应用快捷选项。单击并按住“照片”应用程序，将其拖放到屏幕上，即可完成分屏操作

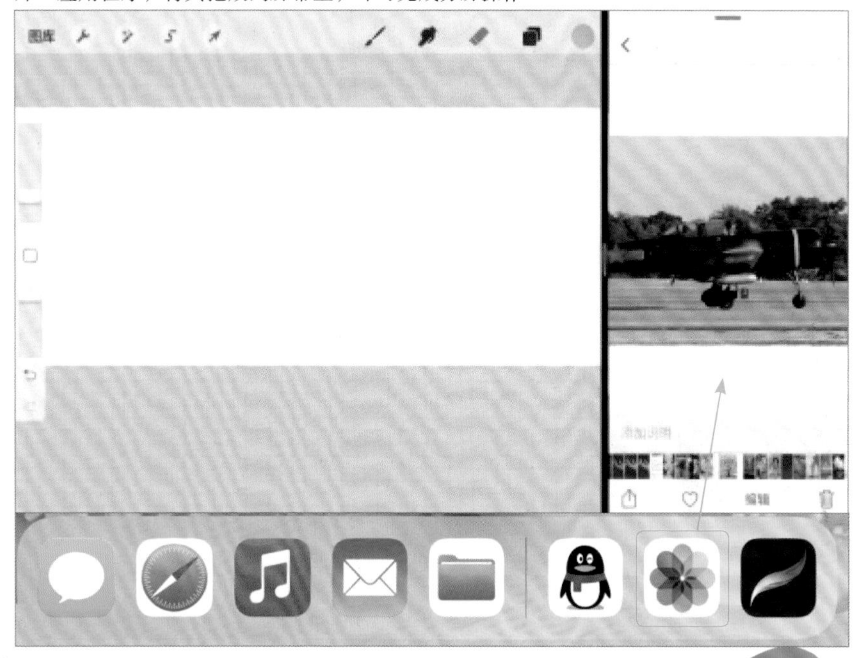

03 新建画布

创建一个新画布，自定义画布尺寸，设置“宽度”为 4000px、“高度”为 1900px、分辨率为 300dpi。 图 3

图 3 改变画布尺寸的大小会影响最大图层数。文件越大，最大图层数越少

04 绘制线稿

根据搜集的资料，开始绘制场景草图。首先分别新建图层，绘制云海与飞机线稿。为了绘制出真实的飞机结构感，在绘画时要特别注意结构与透视的准确，时刻与参考图片对比，观察能帮助我们发现透视问题。

线稿画完，我们发现场景构图有些失衡，视觉上左上角有点偏重，右下角空旷。此时不妨在画面右下角位置再绘制一个小飞机，并利用飞机的大小对比表现空间距离感。 图 4

图 4 分两个图层绘制“云彩”与“飞机”线稿

05 启用“轴向对称”功能

新建图层，选择“操作”栏中的“画布”选项，单击按钮开启“绘画指引”功能。

接下来，单击“绘图指引”功能下方的“编辑绘画指引”功能，弹出相应的设置面板，选择“对称”选项，确保“轴向对称”功能开启，这样只需画出一半的飞机结构就能镜像出另一半结构。图 5

善加利用绘画辅助功能，可节省绘画时间。

图 5 善加利用绘画辅助功能

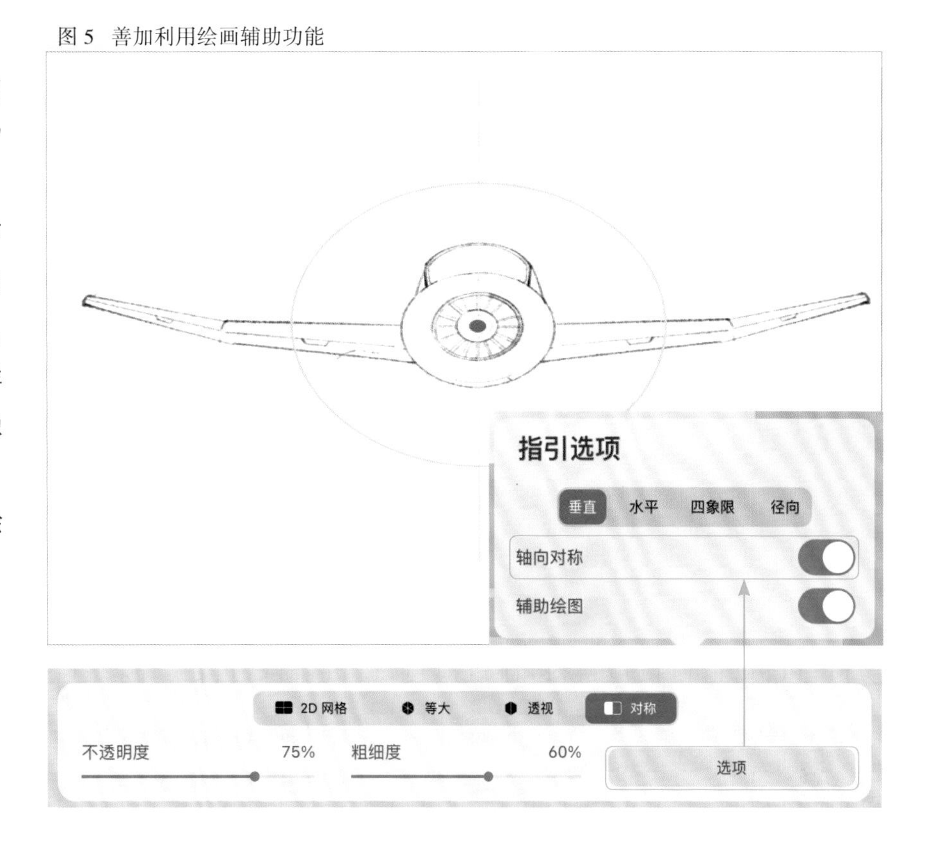

06 调整角度

小飞机画好后，禁用“绘图辅助”功能，然后利用“选取”功能调整飞机的角度与大小，这样构图就完成了。图 6

图 6 如果要禁用对称功能，请关闭“绘图辅助”功能

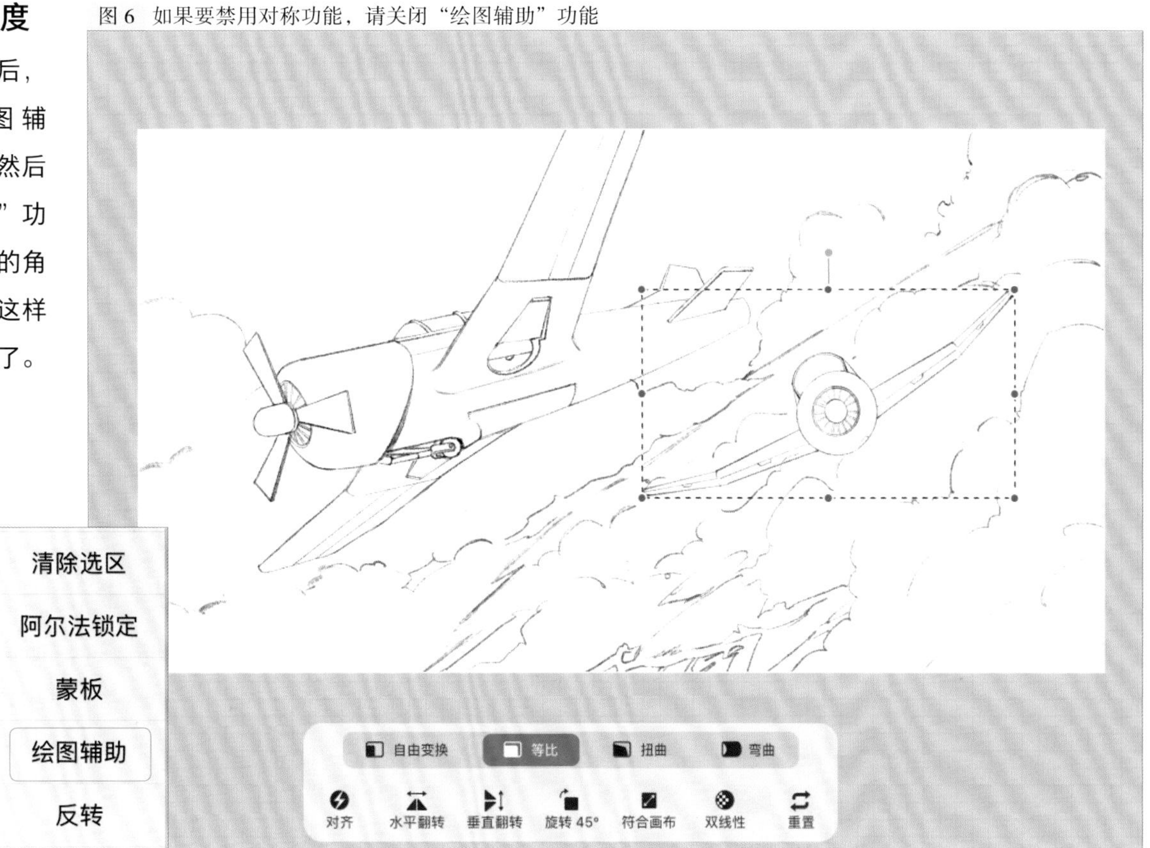

07 快速填色

接下来要为画面绘制一些基本颜色。首先新建图层，选择手绘工具，快速画出飞机外轮廓，并填充上颜色。图 7

图 7 颜色图层需要放在线稿图层的下方

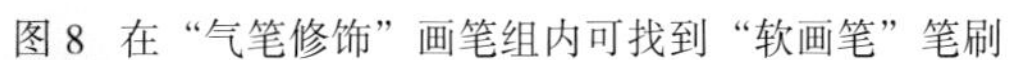

08 填充底色

新建图层并为天空填充蓝色，选择系统自带的“软画笔”笔刷，使用更浅一些的蓝色画出远处的天空。观察整体画面，来回调整画笔的大小与不透明度，让颜色过渡更均匀柔和。图 8

图 8 在“气笔修饰”画笔组内可找到“软画笔”笔刷

09 绘制背景

分别新建图层，画出云海和天空下的陆地颜色，云彩的外轮廓边缘处理要清晰明确，为下一步刻画云彩质感做准备。上色时要注意所有图层的层级关系。 图 9

图 9　接下来的一系列步骤会大量用到系统自带的“气笔修饰”笔刷组。这组笔刷对于绘制金属与云海的结构非常实用。除纹理外，整张场景大量运用此系列笔刷。注意云海与陆地的图层顺序，确保线稿图层在颜色图层的上方

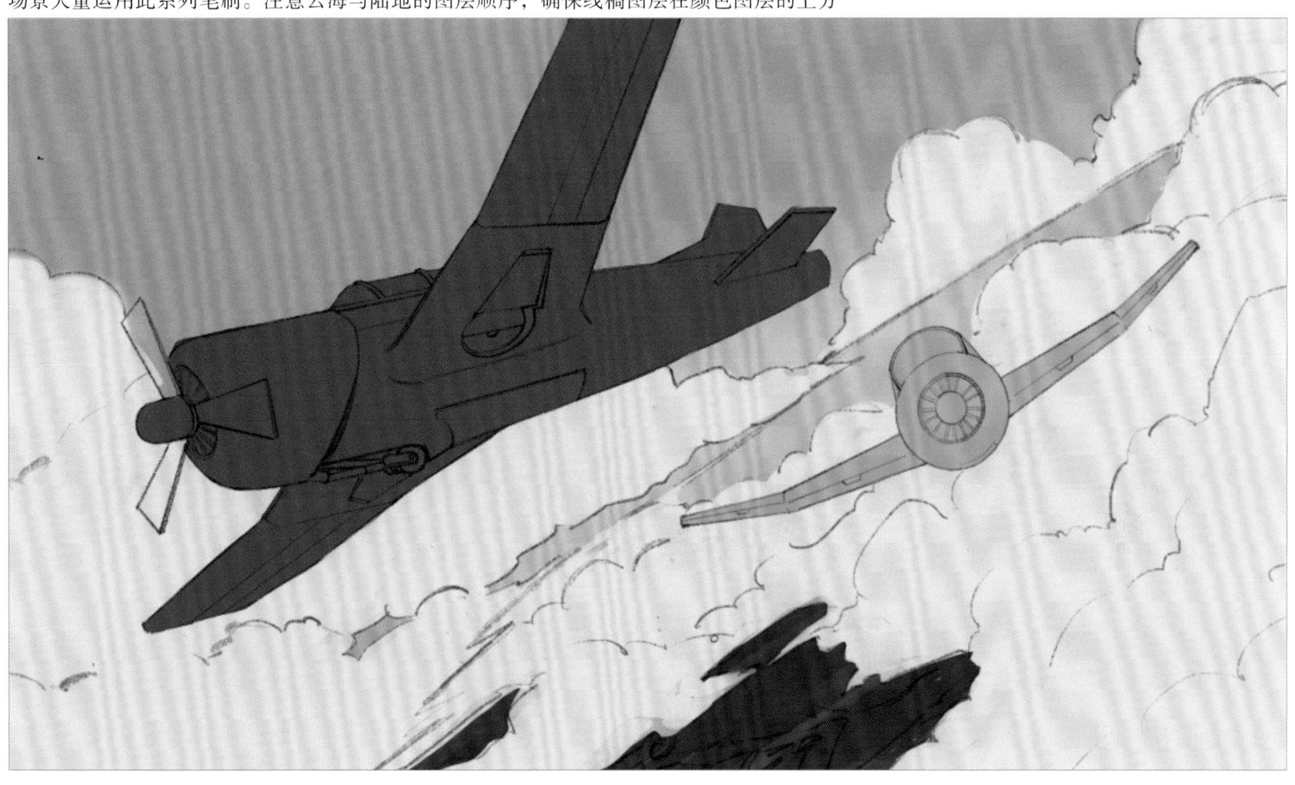

10 设计云海配色

云海在整张场景中所占面积颇大，单纯的白色云海会显得画面颜色太过单一。这时候可以加入黄色的主光源，让其与蓝色的环境光形成对比，这样云海的色彩会产生更多的变化，也更容易突显结构层次。注意在颜色上选取饱和度较低的偏灰色系，近处到远处的色彩饱和度呈现递减变化。画笔可以使用“气笔修饰”中的“硬画笔”笔刷。图 10

图 10 在“气笔修饰”笔刷组内可找到“硬画笔”笔刷

11 添加飞机阴影

云海的大致颜色画完后，绘制阴影为飞机添加基本的结构关系。新建剪辑蒙版图层，设置图层混合模式为“正片叠底”，为飞机画上阴影面。图 11

图 11 新建剪辑蒙版图层，设置图层混合模式为“正片叠底”

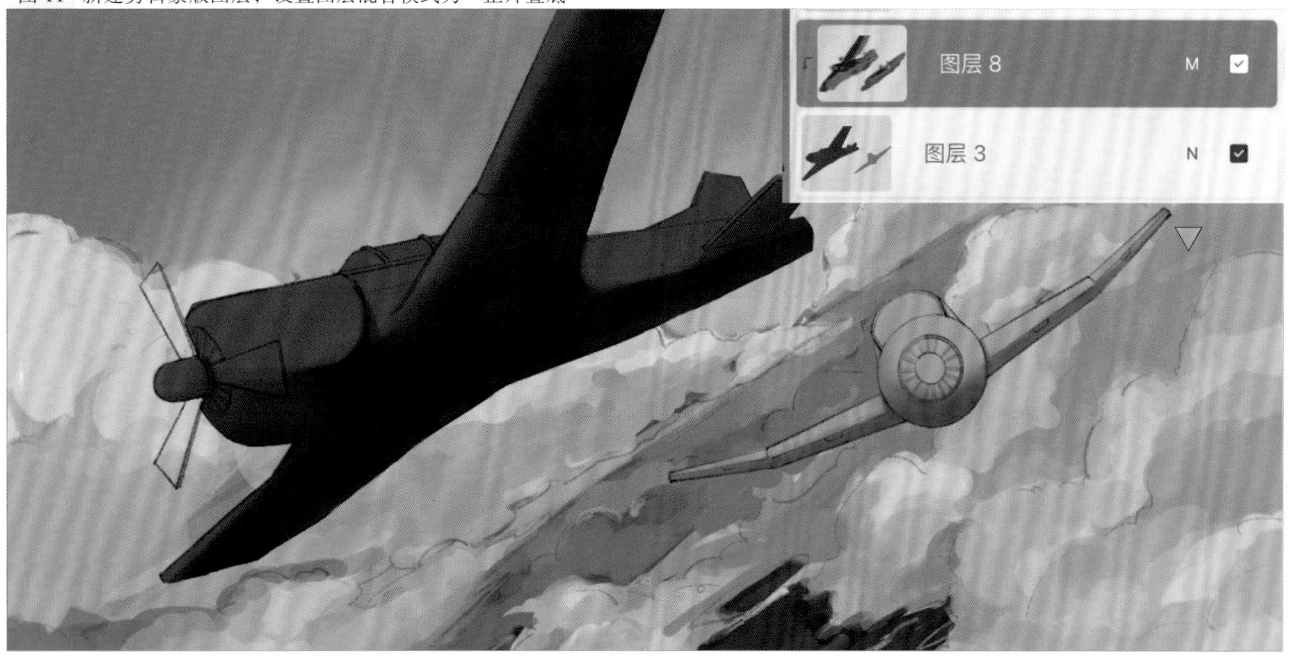

12 细化云海

云海既要画出云朵层层堆叠的体积感，又不能失去云朵本身的软绵性质，在绘画处理上有一个小技巧：云海之间结构的转折处要画得清晰，尤其是明暗转折处；结构内的颜色过渡却要处理得柔和均匀，产生饱满的体积感。两者虚实的变化需要多次调整。

结合涂抹工具和“气笔修饰”组内的笔刷，让云朵颜色过渡自然柔和。涂抹工具和画笔、橡皮擦工具一样可以选择不同形态的笔刷，这里使用的是“软画笔”笔刷。图 12

图 12 刻画云海细节

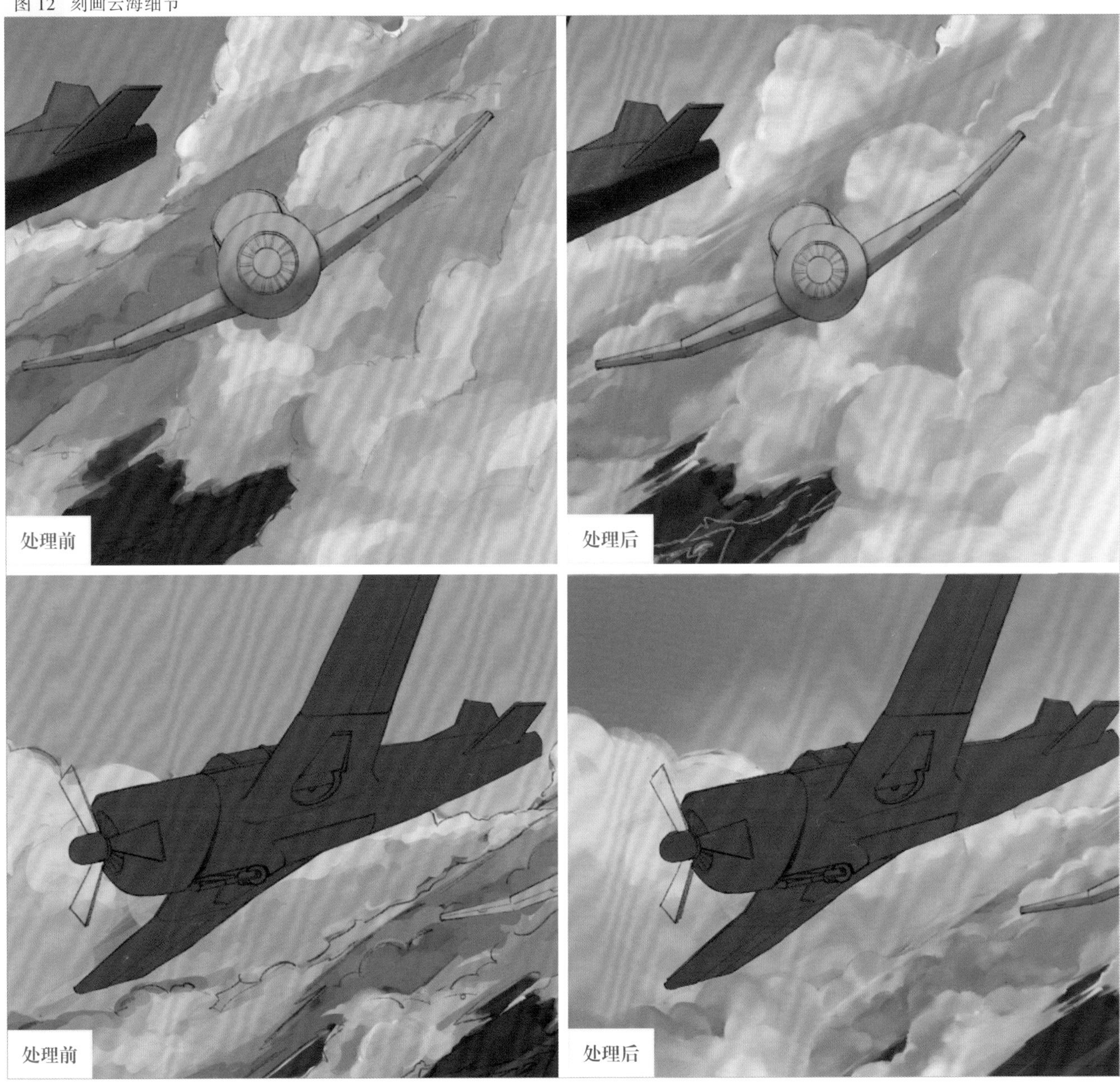

13 观察明暗关系

“明暗关系”指画面只呈现亮度的黑白灰三种色调，可以帮助我们观察众多色彩的明度关系是否处于正确的对比效果。Procreate 没有此功能，需要创建一个辅助图层。新建图层并填充纯黑色，将该图层混合模式改为“饱和度”。不时显示或隐藏这个图层，可以观察画面的明暗关系，这是一个非常实用的技巧。图 13

图 13　使用辅助图层在整个绘画过程中观察画面的明暗关系

小贴士

积累绘画经验

初学者第一次开始绘画创作时，也许会感到力不从心，无从下手。不要心急，花时间练习基础绘画，累积绘画经验与绘画手感，未来一定会创作出令自己满意的作品。

14 细化陆地效果

选中之前的陆地图层，使用“斯提克斯”笔刷为陆地添加纹理和微妙的颜色变化。图 14

图 14 在“绘图”画笔组内可找到“斯提克斯”笔刷

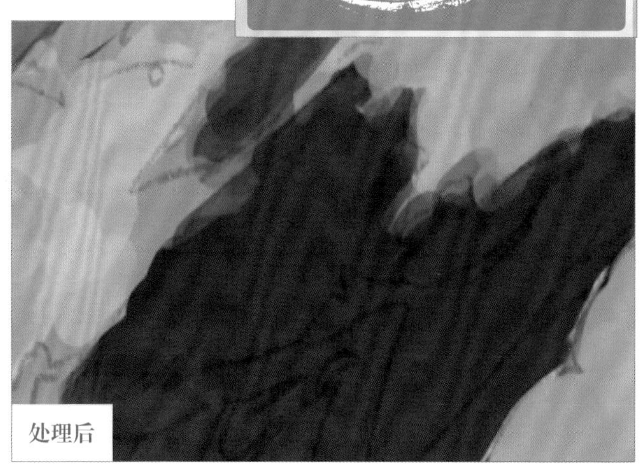

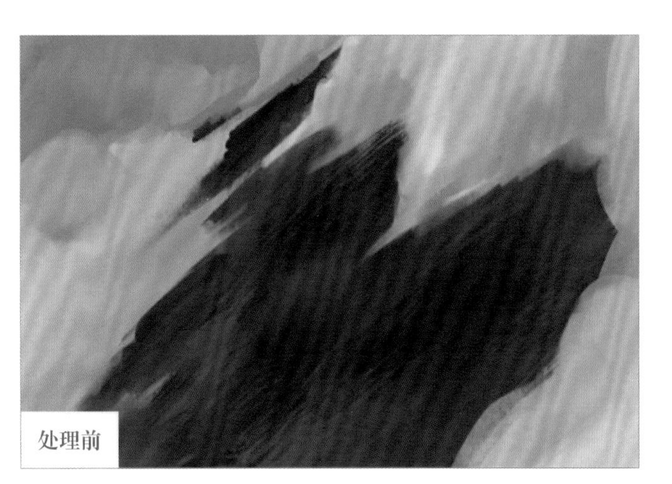

15 绘制河流

接着新建图层，画出一条河。使用手绘功能快速画出蜿蜒的蛇形，然后使用蓝色填充该虚线选框，并将图层选项设置为“剪辑蒙版”。图 15

图 15 使用手绘功能绘制河流

16 细化河流

给河流修形并随意地画出分流。画完后阿尔法锁定该图层，选择更亮的蓝色在上方提亮，让河流产生颜色变化。
图 16

图 16 绘出河流分支的变化

17 刻画飞机细节

背景绘制完成后，是时候开始刻画飞机的细节了。为了画出真实的飞机金属质感，需要细致刻画出金属物体的高光、阴影与反射光。金属质感的物体往往明暗对比较为强烈，所以要从暗部开始画起，慢慢向亮部过渡。

降低飞机线稿的不透明度，用笔刷与涂抹工具柔化机身的明暗交界线，并在机身暗面区域的边缘添加微弱的反光。新建图层，为机身与机翼上不同的小结构画出明暗部位与转折细节。注意小结构的颜色要同步于整个飞机的明暗关系，例如机翼下的凹槽结构最亮面依然处于暗面的明暗关系，不会强过机翼的受光面。 图 17

图 17 线稿图层不透明度降低到 43%。小结构的亮面与灰面过渡色要柔和

飞机 M

不透明度 43%

18 绘制远处的飞机

使用同样的方式，继续绘制远处的飞机。 图 18

图 18 机翼上小结构的亮面与暗面过渡要柔和

19 合并图层

将飞机的线稿与上色合并为一个图层后，修正飞机外轮廓和所有小结构的转折部位，确保结构边缘处理得清晰明确。用色块覆盖住一部分线稿并为机翼画上金属焊接的结构线。 图 19

图 19 线稿和上色合并后的飞机图层

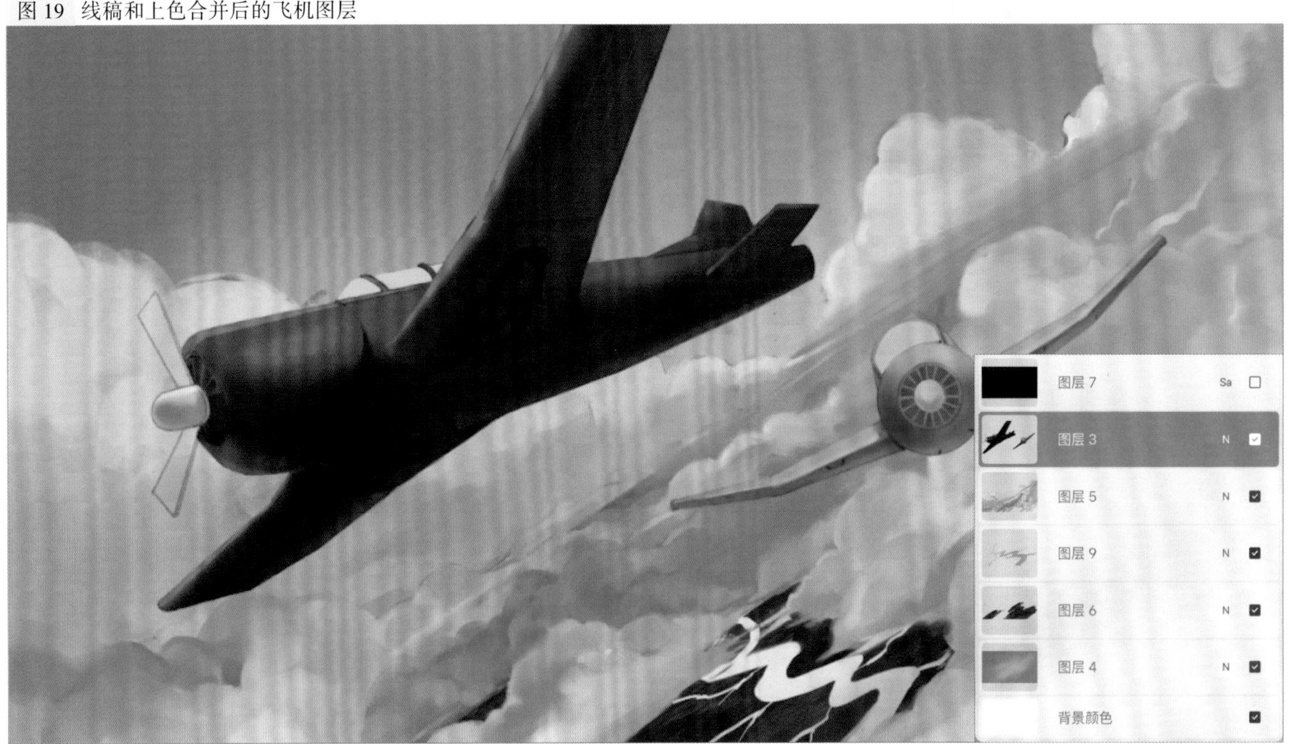

20 绘制反射光

接下来为两架飞机添加金属反射光，反射光要考虑主光源的黄色与环境光的蓝色，飞机受两者相互影响，在颜色上会有一些微妙的变化。新建剪辑图层并为飞机画上反射光，再新建另一个剪辑图层，绘制受光源影响带有色彩变化的反射光。图 20

图 20 图层混合模式为“正常”、不透明度为 100%

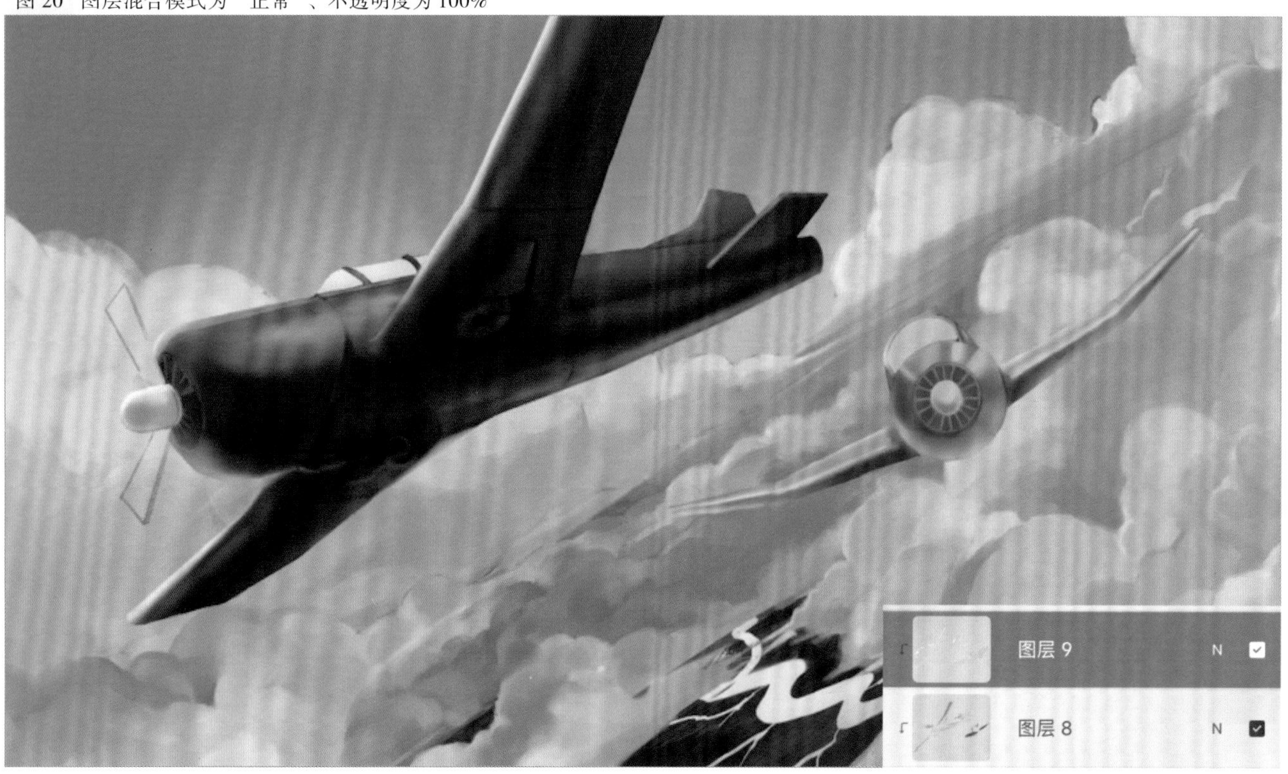

21 绘制高光

接着为飞机添加高光。新建剪辑图层，将图层混合模式改为“强光”，颜色选择白色，为机头、机翼和机身添加高光。注意高光是整个飞机颜色最亮的地方。图 21

图 21 为飞机添加高光

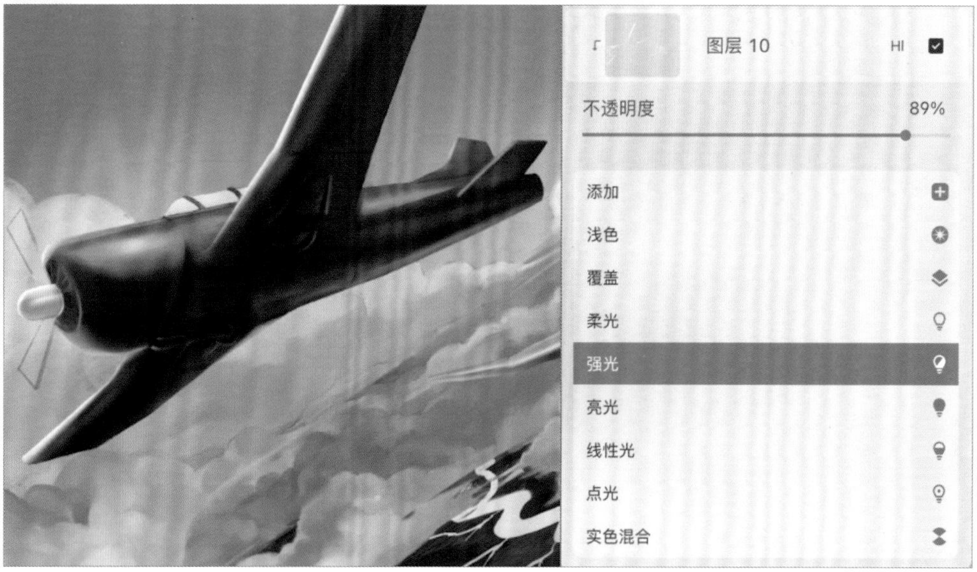

22 添加装饰图案

飞机的质感画好后，接下来为飞机添加装饰图案，这是复古飞机的一大风格。图案可以根据自身的喜好来设计，这里我们为飞机添加了火焰和线条图案。图 22

图 22 为飞机添加装饰图案

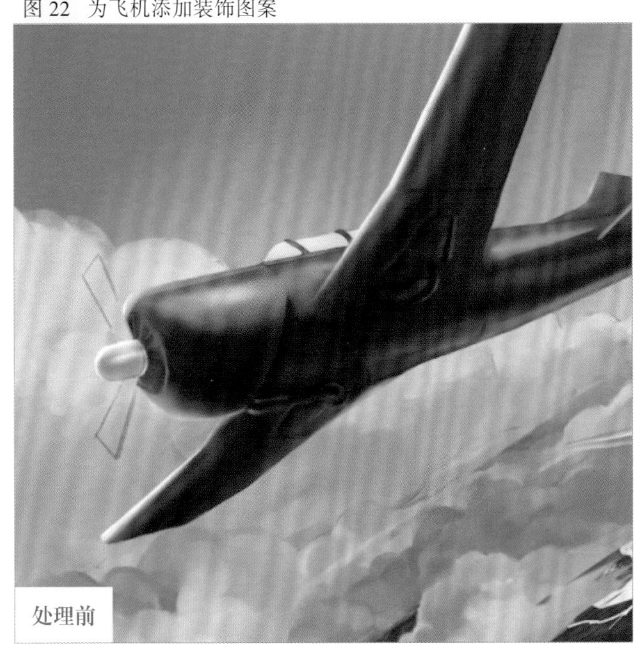

23 为图案添加明暗效果

装饰图案画好后，利用图层的“阿尔法锁定”功能为图案绘制明暗效果与金属质感，图案和飞机本身的材质与光感需保持一致。图 23

图 23 为飞机添加明暗和金属质感

24 强增明暗对比

继续在最上方新建剪辑图层，将图层不透明度设置为 33%，将图层混合模式设置为“正片叠底”。选择黑色，画出飞机颜色最深的阴影，让亮部与暗部形成强对比，凸显出金属质感。图 24

图 24 为飞机绘制颜色最深的阴影

25 添加划痕

继续在最上方新建图层，将图层不透明度设置为 32%，设置图层混合模式为“划分”。使用“铜头蛇”笔刷为飞机增加金属划痕感。图 25

图 25 为飞机增加金属划痕感

26 为天空增加纹理

完成以上步骤后，接下来为整张场景添加纹理效果。

在背景图层上方新建图层，选择“奥伯伦”和橡皮“擦木”笔刷，先用画笔铺上一层浅浅的纹理，再用橡皮随意地擦除。反复操作几次，叠加出纹理的层次变化。图 26

图 26　在“绘图”画笔组内可找到“奥伯伦”笔刷，在“艺术效果”画笔组可找到橡皮“擦木”笔刷

擦木

27 绘制螺旋桨

新建图层，绘制一个偏细长的等腰梯形，使用“动态模糊”功能调整出高速运动后的残影，擦除多余的边缘，确保形状不变，复制三个等腰梯形并调整其角度与位置，最终组合成飞机的螺旋桨。图 27

图 27　查看螺旋桨绘制的最终效果

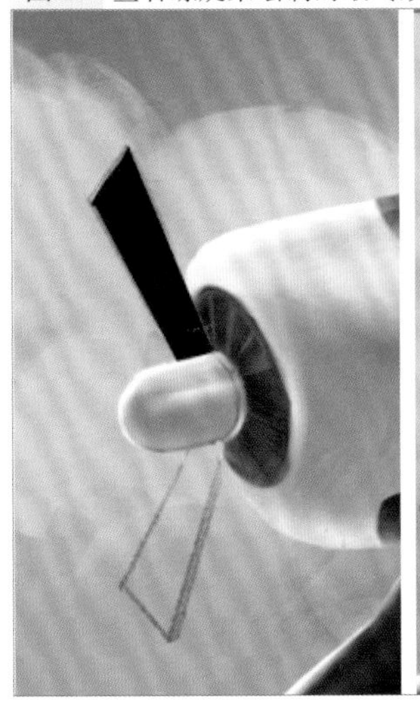

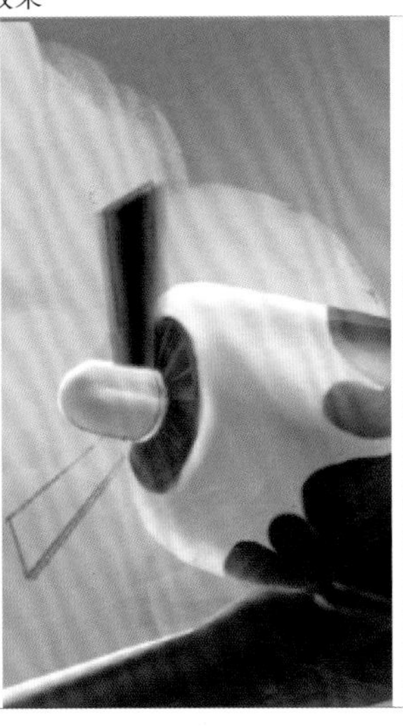

调整
不透明度
高斯模糊
动态模糊
透视模糊
锐化
杂色
液化
克隆

28 绘制另一架飞机的螺旋桨

用同样的方式画出另一架飞机的螺旋桨，因角度不同，两架飞机的螺旋桨透视有所不同。图 28

图 28 设置不同的透视效果

30 添加投影效果

在最上方新建图层，画出云海在玻璃上的投影。将该图层的混合模式设置为“点光”，不透明度设置为 83%。图 30

图 30 绘制云海在玻璃上的投影

图层 19 Pl
不透明度 83%
柔光
强光
亮光
线性光
点光
实色混合

29 添加高光效果

在最上方新建图层，为玻璃增加高光。将该图层的混合模式设置为“添加”，不透明度设置为 42%。图 29

图 29 分别新建图层，利用不同图层属性设置绘制玻璃的折射与投影效果

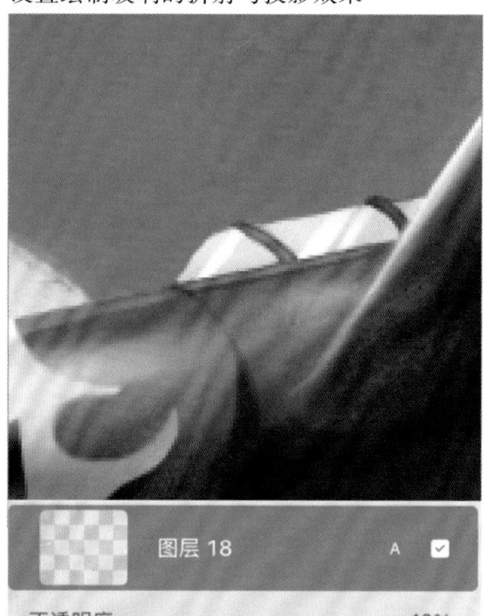

图层 18 A
不透明度 42%
正常
变亮
滤色
颜色减淡
添加
浅色

31 调整细节

观察画面整体效果，调整细节。这里我们为飞机轮子添加了反光细节，增加立体感。图 31

图 31 为飞机轮子添加反光效果

32 创建“组”

完成以上步骤后，分别选中飞机与背景的素材并创建各自的“组”，复制“飞机”与“背景”组，平展出各自的独立图层。图 32

图 32 分组管理图层

33 添加速度线

选中背景图层，用涂抹工具在云朵上拉出线条，画出飞机高速飞行后在云海上产生的速度线。注意速度线的方向要和飞机飞行的角度一致。 图 33

图 33 绘制飞机高速飞行后在云海上产生的速度线

34 添加光感

新建图层，用“软画笔”笔刷绘制光感，颜色选取淡黄色和淡蓝色，并注意画笔的不透明度。设置图层混合模式为“添加”，设置图层的不透明为 20%。

用“中等喷嘴”笔刷在场景的角落处绘制颗粒感，添加空间的层次。绘制完成后合并所有图层。 图 34

图 34 使用“气笔”画笔组内的“软画笔”和“中等喷嘴”笔刷为画面添加光感和空间层次

35 调色

选中合并后的图层，利用曲线工具调整画面色彩关系，增加色彩饱和度。图 35

图 35　增加画面的色彩饱和度

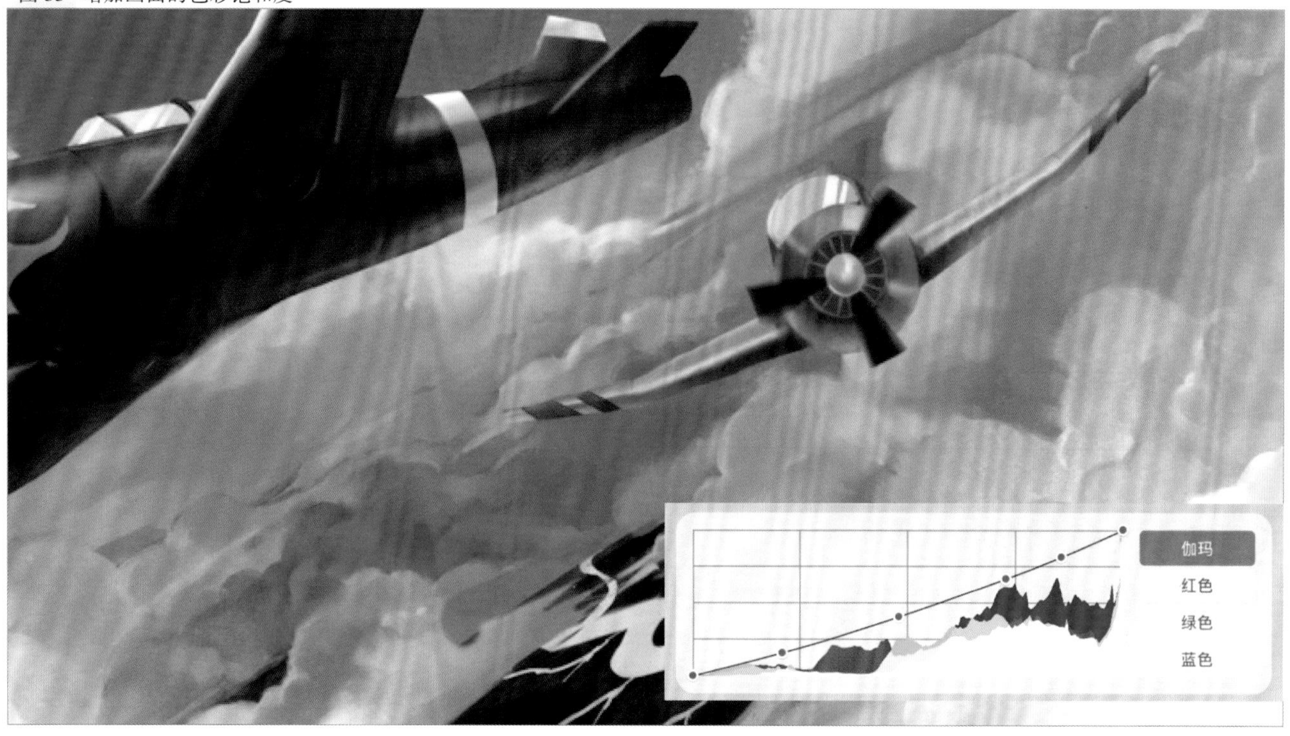

36 锐化图像

最后使用“锐化”功能，调整画面的清晰度直到满意为止。图 36

图 36　调整画面的清晰度

最终的图像

最终我们完成了一张带有复古设计风格的飞机插图，云海的色彩变化与飞机的金属质感是这幅场景刻画的重点。机械设计的难度会比人物和场景更高一些，更多地临摹不同机械设计与解析能让我们更快地进步，Procreate 的辅助绘画功能在机械与科幻设计上非常实用。不要因为害怕创作失误而不敢下笔，请多多尝试并感受绘画的快乐。

案例效果展示 · 热狗车

案例效果展示 · 机器大战

案例 5

海底世界

整体思路

这幅图的灵感来源于对深海的好奇和想象。巨大的海底珊瑚、海底晦暗不明的生物和孤独又渺小的潜水员。从海底向上望去，能看到阳光在海面形成的光斑。潜水员手中的射灯打破了海底的死寂，似乎惊扰到一两只小鱼。

本案例为我们提供海底场景绘画的步骤详解，水下的光线、礁石和水草的质感以及海面复杂的光影变化都能轻松掌握。

本案例将从搜集资料、设计草稿开始，一步步学习上色、塑造、丰富质感、增加光效、调整效果和为画面润色。学习如何利用 Procreate 丰富的笔刷提高画面质感，如何利用图层和蒙版技巧快速提升画面氛围。

在本章中，你可以学到：

- ✓ 如何使用阿尔法锁定
- ✓ 如何使用剪辑蒙版
- ✓ 如何使用图层混合模式
- ✓ 如何使用克隆工具
- ✓ 如何使用各种调整工具
- ✓ 如何使用高斯模糊、动态模糊、透视模糊工具

创作步骤

01 绘制素描草稿

在开始创作时，请不要着急绘制草图，可以根据灵感的框架在网络上寻找可以参考的元素。虽然是想象出来的一个场景，但是需要真实的世界来丰富它的细节。根据找的照片素材，我们可以绘制一些素描草稿，例如本图需要用到的珊瑚树、潜水员、礁石和海草。图 1

图 1 使用 Procreate 中的 6B 画笔能很好地模拟纸上作画的质感

02 设计构图

接下来，开始绘制构图。选用系统自带的 6B 铅笔能很好地模拟纸上绘图的感觉。根据想表现的主题，可以试着画几个不同的构图。线条不用特别准确，重点是概括画面整体的走势。这一步骤是画面的基础，可以适当多花一点时间研究。最终选择自己最满意的构图，其他草稿也可以作为长期积累的素材。图 2

图 2 最终决定以这幅草稿作为构图

03 制作配色方案

根据最终构图，快速用色块拼出试色样稿。我们可以使用“调整”面板中的色相、饱和度、亮度功能为样稿快速调整配色方案。本图中，想要表现光线射穿海面，以及海中巨大珊瑚和渺小潜水员的冲突感，所以选择了对比强烈的配色方案。如果想表现的是其他情绪和氛围，可以不断尝试不同的明暗和色彩倾向。 图 3

图 3 通过色彩平衡和色相、饱和度、亮度调整，试验不同的配色方案

04 提炼颜色搭配

在选择的试色样稿中提炼出主要颜色，并利用“调色板”面板新建一个调色板，将颜色组合保存。当需要绘制同个系列的多幅作品时，这将大大缩短我们的配色时间。 图 4

图 4 在调色板中可自由设置颜色组合，每个组合可以包含 30 种颜色

05 放置样稿

将试色样稿合并成一个图层，放置在画布的一角作为之后绘图参考，这个图层要始终保持在“图层”面板的最上面。新建一个图层，将铅笔草稿复制粘贴在图层上并放大到满屏。将图层模式设置为“正片叠底”，透明度设置为15%，这样可以清晰地看到草稿又不至于被影响。 图5

图5 将图层模式设置为“正片叠底”，透明度设置为15%

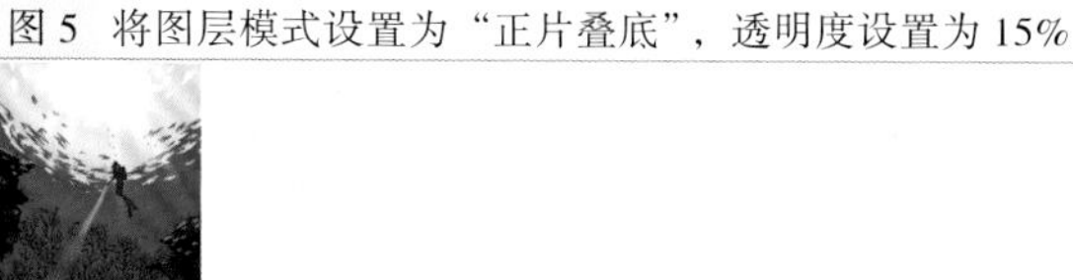

06 填充底色

新建一个图层，吸取调色板上准备好的灰粉色，拖曳填充整个画面作为底色。用“软画笔”笔刷，选择更明亮一点的灰粉色，在光源的位置形成圆形柔和的渐变。如果渐变不够柔和，可以利用“高斯模糊”调整颜色过渡。 图6

图6 Procreate自带的“软画笔”可以在“气笔修饰”分类中找到

07 利用选区快速填充

在底色的图层上方新建一个图层。使用选区工具中的手绘模式，直接绘制出海水部分的轮廓。可以利用“添加”和“移除”功能让选区产生水中波纹一样的细碎效果。在调色板中选中深蓝色，单击“颜色填充”按钮，就能得到一块深蓝色的图形。图 7

图 7　刻画海水效果

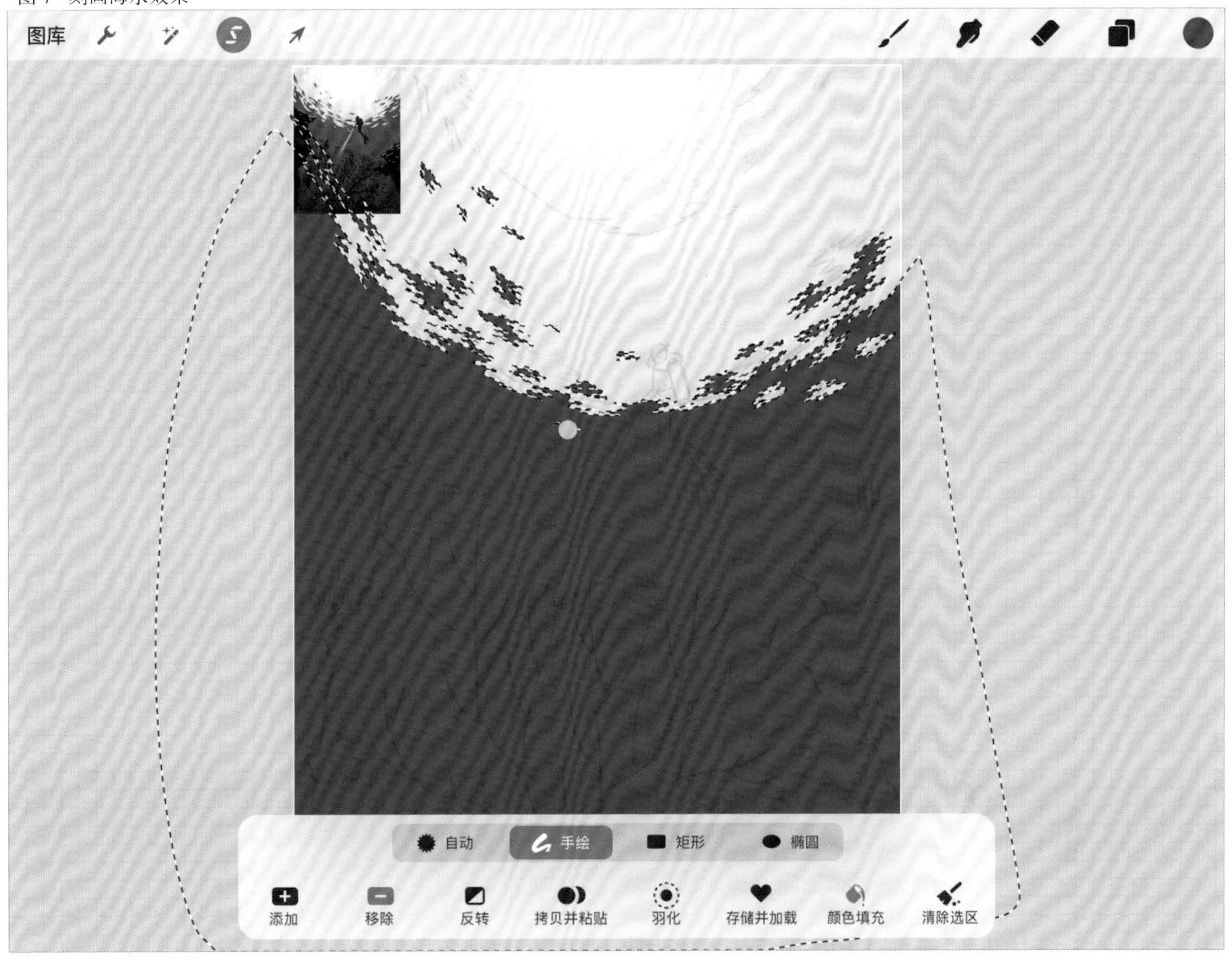

08 绘制渐变

将刚才绘制的海水图层阿尔法锁定，用“软笔刷”加深海底的颜色，并用“高斯模糊”工具进行柔和，从而产生渐变的效果。图 8

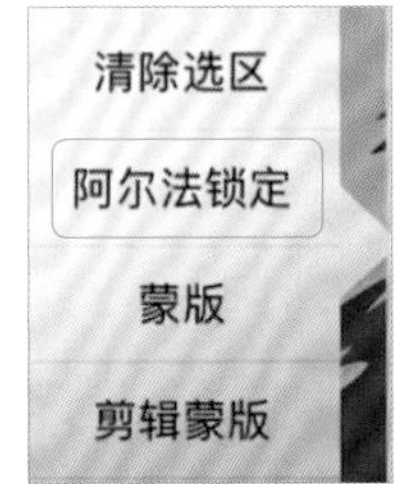

图 8　制作柔和的渐变效果

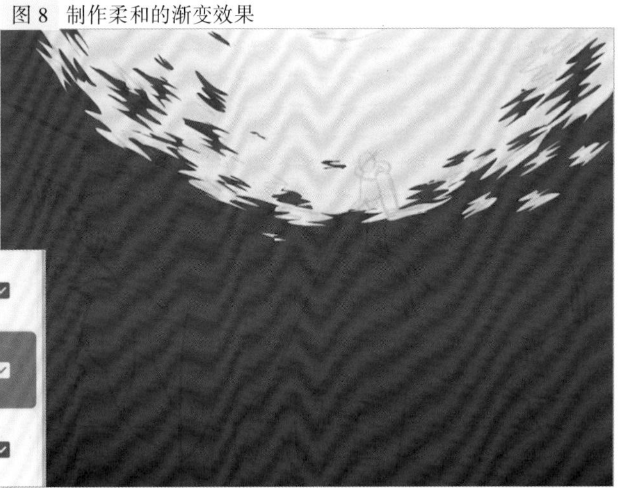

09 虚化波纹效果

解除阿尔法锁定，用边缘清晰的笔刷和橡皮调整水波纹，使其显得更加自然，然后使用动态模糊工具虚化波纹。图 9

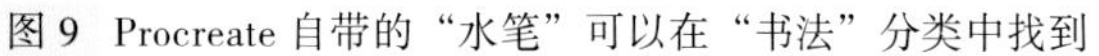
图 9　Procreate 自带的“水笔”可以在“书法”分类中找到

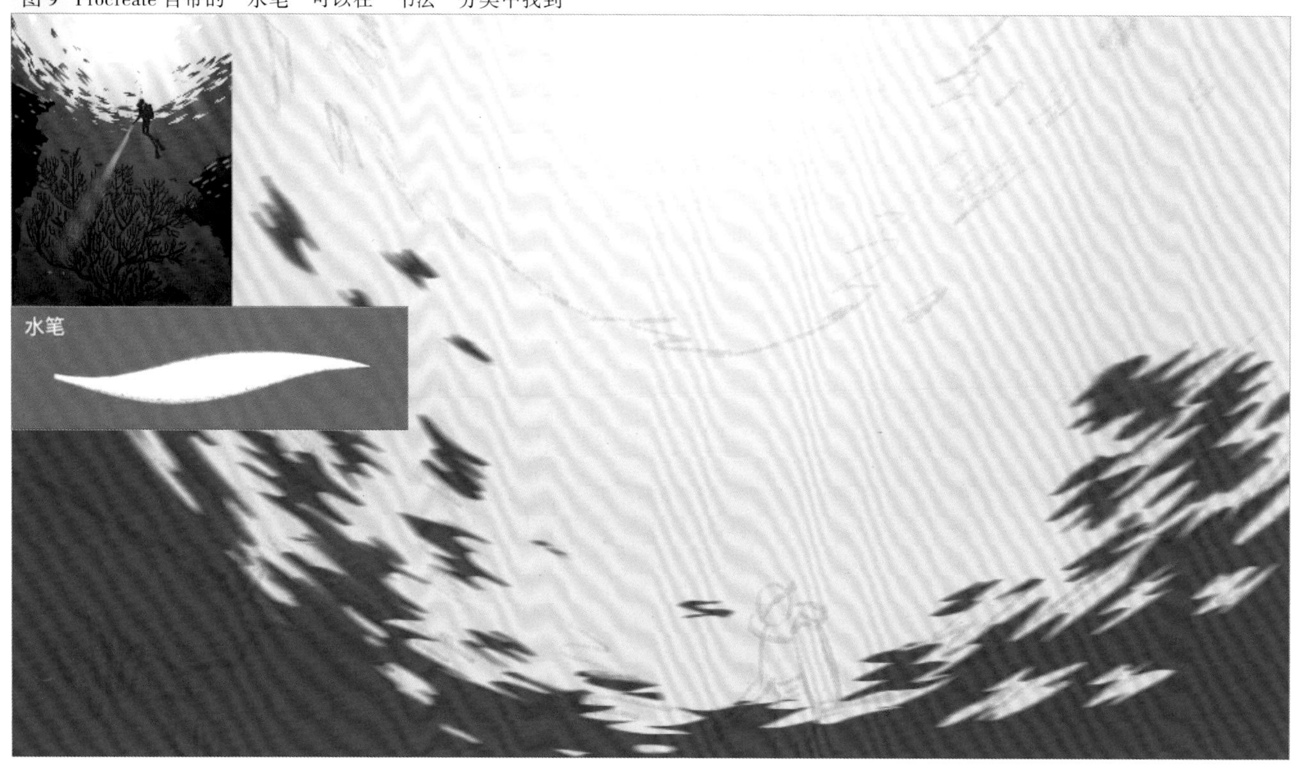

10 绘制水面的光感

在蓝色图层上新建一个图层，用来绘制太阳在水面的残影。依旧使用手绘工具，绘制出轮廓并填充白色。用硬边的笔刷和橡皮刻画高光的边缘。接着使用“高斯模糊”滤镜将边缘适当模糊，产生发光的效果。为了模拟广角透视，光斑碎片的排列一定要围绕发光的中心。图 10

图 10　模糊的效果可以快速塑造画面的镜头感

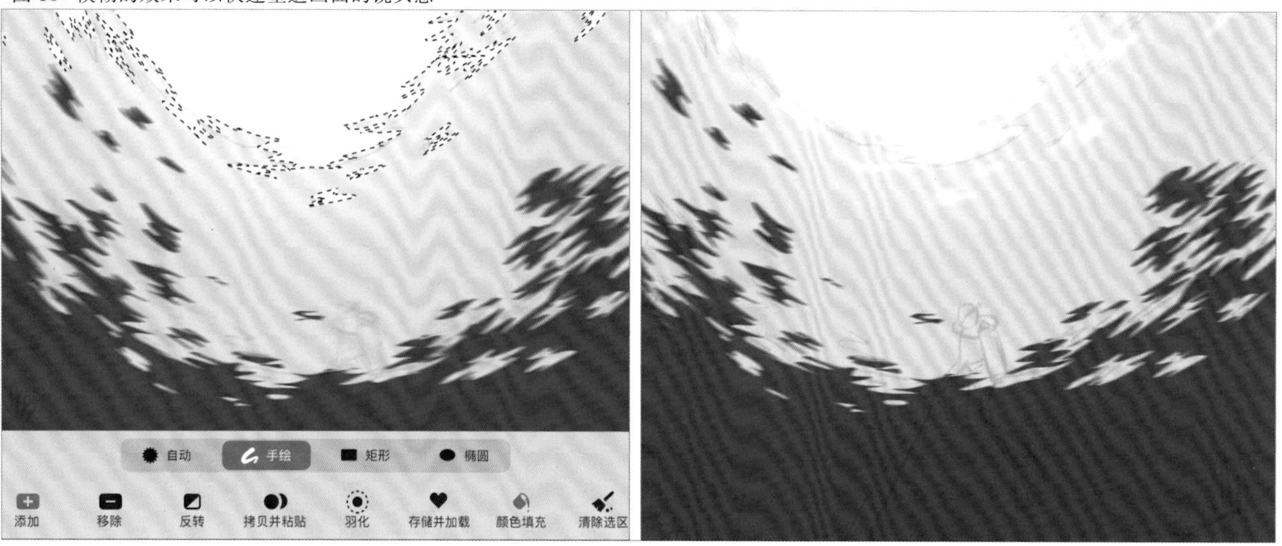

11 绘制物体轮廓

新建三个图层，分别用硬边缘的画笔，例如“手迹”画笔绘制两侧的礁石、巨大的珊瑚树和潜水的人。这一步不需要细致地刻画，我们只要绘制出大致的轮廓，将它们阿尔法锁定，之后深入刻画就不用担心会破坏物体边缘。分开的图层方便之后单独刻画这些颜色不同的部分。图 11

图 11 Procreate 自带的“手迹”画笔可以在“书法”分类中找到

12 绘制鱼群

在珊瑚图层的上方和下方各新建一个图层，绘制鱼群时，要注意鱼群动态的变化。可以利用“克隆”功能，快速复制鱼群。拖动白圈选择目标，画笔在其他地方任意涂抹就能复制白圈中的内容。不过，此功能只能复制同一图层中的元素。图 12

图 12 绘制并复制鱼群

13 绘制海底的海草

在珊瑚图层下新建一个图层，为海底添加细节。可以使用“色彩调和”的“近似”功能，选择跟海底颜色相近的深蓝绿色绘制海草。深海中光线不足，事物的固有色都会受到环境色影响。这时使用带有透明度变化的笔刷，能让远处的事物产生空间感。为了凸显画面中间的红珊瑚，海底的其他事物要选择饱和度低的颜色绘制。图 13

图 13 选择相近的颜色

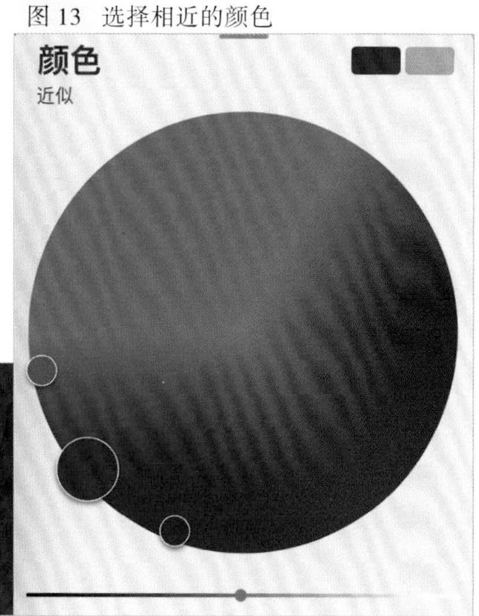

14 绘制礁石的亮面并增加其肌理

在礁石图层上创建新图层，并选择剪辑蒙版，此图层就会以礁石图层为蒙版显示内容。再次在图层上画出礁石的受光部分，要注意对比度不用特别强烈。

新建图层并选择“正片叠底”模式，同时选择剪辑蒙版，来为礁石添加肌理。可以使用 Procreate 自带的“纹理”笔刷，也可购买其他艺术家制作的笔刷。再新建一个剪辑蒙版图层，推荐使用“工业”列表中的笔刷制造石头亮部的质感。图 14

图 14 绘制礁石并刻画细节

15 绘制海草

新建一个图层，绘制礁石上的海草和藻类，颜色遵循近实远虚的规律。笔刷可以选择边缘毛躁的，会有比较灵动的感觉。Procreate 有非常多的笔刷可供选择，利用这些笔刷可以绘制不同质感的海底生物。 图 15

图 15 绘制礁石上的海草和藻类

16 刻画珊瑚的细节

确认珊瑚图层已经阿尔法锁定后，可以直接用软笔刷在图层上调整珊瑚的颜色，使它和周围的环境更加融合。新建剪辑蒙版图层并设置为“正片叠底”模式，用画笔库的“润色分类”中的“旧皮肤”画笔给珊瑚增加肌理感。再新建剪辑蒙版图层并设置混合模式为“正片叠底”，选择灰色为珊瑚塑造阴影。笔刷调整为“气笔修饰”中的“中等画笔”，注意表现在深水中明暗变化的感觉。 图 16

图 16 为珊瑚添加肌理和阴影

17 刻画潜水员

潜水员作为整个画面的视觉中心，可以细致地刻画。新建剪辑蒙版图层，给潜水员绘制服装、氧气罐纹路和脚蹼的固有色。颜色搭配以深色为主，要符合画面整体的冷色调。图 17

图 17 刻画潜水员的效果

18 增加阴影细节

新建剪辑蒙版图层，选择“正片叠底”模式。用灰色绘制出潜水员的阴影细节。因为水下照明不足，阴影过渡比较柔和，刻画时注意塑造体积感。图 18

图 18 绘制潜水员的阴影细节

19 绘制潜水员的高光效果

潜水员身处明暗交界的位置，让他身上的光影对比非常强烈。在潜水员阴影图层上方新建剪辑蒙版图层，画出受光面。复制此图层，将复制图层的剪辑蒙版移除，并使用“高斯模糊”滤镜产生发光的效果。如果效果过于耀眼，可以调整该图层的透明度。图 19

图 19 使用 Procreate 中的“高斯模糊”滤镜绘制发光物体，能很好地模拟柔和的光线

20 绘制气泡效果

新建图层，在潜水员的四周画上气泡，一般集中于头部和四肢末端。在深色背景部分用浅色绘制，在浅色背景部分的用深色绘制。 图 20

图 20　刻画潜水员周围的气泡效果

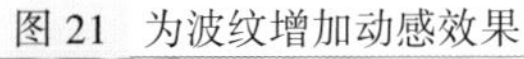

21 绘制海水的纹理

观察画面，在蓝色背景层上方新建图层。因为蓝色背景是由浅到深的渐变色，可以直接吸取下方的深色，在较浅的位置画出海水的纹理，增加画面的层次。画好后可使用“运动模糊”滤镜给波纹增加动感的效果。 图 21

图 21　为波纹增加动感效果

22 绘制光线

完成以上步骤后，我们发现画面还缺少能够打动人的光影变化。首先是潜水员的射灯，在珊瑚图层上新建图层，图层属性设置为“滤色”。用“气笔修饰”中的“中等画笔”绘制射灯射在水中的光柱。

使用“高斯模糊”滤镜柔化光柱的边缘，再调整图层透明度达到想要的模糊效果。 图 22

图 22　刻画射灯光线效果

23 提亮珊瑚

接着再新建珊瑚的剪辑蒙版图层，提亮被射灯照的珊瑚枝丫。柔软的笔刷模仿光线在水中散射的效果。最后找到鱼群的图层，提亮能被光线照射的鱼。图 23

图 23 提亮珊瑚和鱼群效果

24 增加高光

在礁石图层上新建剪辑蒙版图层，这个图层一定要放在所有礁石图层最上方，设置为“滤色”模式。为礁石顶部接近水面的部分添加高光。注意要用蓝灰色凸显海底冷调的氛围。绘制好后使用“动态模糊”滤镜，模拟海浪运动产生的光斑感。注意运动模糊的方向要符合海浪水平的方向。图 24

图 24 高光的形状和颜色会体现物品的质感

25 绘制光线效果

在所有图层的最上方新建图层，用“软画笔”绘制出水下的光线效果，注意光线在水底的衰弱过程。调整画笔的透明度和粗细，画出有变化的射线，可以调整图层透明度来达到需要的效果。 图 25

图 25 高光的形状和颜色会体现事物的质感

26 绘制水面的反光效果并增加海底的珊瑚

现在，我们可以继续为画面丰富细节。用浅色绘制水面的反光效果，注意远近不同产生的颜色深浅变化，并用“高斯模糊”滤镜柔化效果。

在海底增加一些其他品种的珊瑚，颜色注意和大珊瑚有所区分，并给珊瑚加上纹理细节。在珊瑚上新建图层补充根部的水草，让珊瑚有从水草中长出的感觉。 图 26

图 26 利用丰富的细节增加画面的可看度

27 绘制沉船

关闭大珊瑚图层，新建一个图层，用深灰色绘制沉船的轮廓。

再新建剪辑蒙版图层，描绘船的立体结构、船上的锈迹和生长的水草。

图 27

图 27 沉船受到水下光线的影响会呈现深蓝色，明暗对比也会变得模糊

28 刻画珊瑚的纹理

打开大珊瑚图层，新建一个图层，用深色绘制大珊瑚上的纹理，注意受光面的对比度要高于其他部分。

图 28

图 28 绘制大珊瑚上的纹理

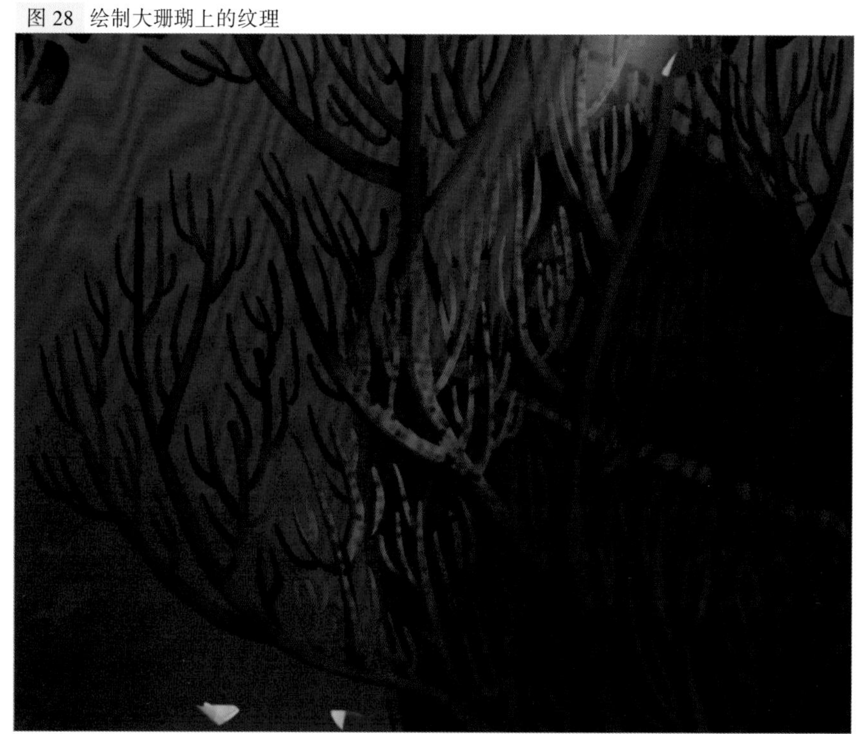

29 添加海底生物

为画面多增加一些海底生物，可以选择多种色彩倾向的鱼类、水母，抓住小鱼成群、大鱼独行的生活习性。图 29

图 29 添加海底生物元素，丰富画面效果

30 添加气泡

最后新建图层，为沉船和珊瑚添加气泡。绘制时注意气泡由小变大并且以 S 形状上升的规律。图 30

图 30 添加气泡效果

最终的图像

整个画面捕捉了潜水员发现巨大珊瑚、惊扰了鱼群的一瞬间。阳光透过海面照到海底，展现了海洋的静谧深邃和人类的渺小。在绘制场景时，重要的是光影、色彩的对比，以及打动人的构图。利用光源带领观者的视线探索作品，不要平均地刻画画画面的细节，这可能会让画面丧失重点。

案例效果展示·孔明灯

案例效果展示·树林精灵

案例 6

幻想生物

整体思路

当我们想要绘制一幅创意生物插图时，必须将自己放在创造者的角度去思考这种生物的结构：伸展的四肢或坚硬的犄角、巨大的头部或昆虫一样的复眼……

我们可以将不同种类的动物杂交融合，构建出新的搭配，也可以从生活环境的角度思考，在某种恶劣的环境中，生物需要具有什么样的特质才能生存。这些思考会让设计显得更加真实可信。

本案例将组合多种生物元素，创造出想象中的珍奇异兽。我们将学习利用 Procreate 自带的各种画笔，快速提高画面的质感，模拟怪物皮肤的肌理，并学习利用图层来整理生物复杂的颜色变化。还将学习利用场景增加这个虚构生物的真实性。

在本章中，你可以学到：

- ✓ 如何使用快速填充工具
- ✓ 如何使用 Procreate 自带画笔增加纹理
- ✓ 如何利用图层属性塑造画面的立体感
- ✓ 如何利用模糊工具绘制画面的颜色渐变
- ✓ 如何快捷地将图层建成一组
- ✓ 如何快速合并图层

创作步骤

01 搜集资料

在开始创作前，可以先搜寻一些资料，思考所要创造的这个生物需要具有什么特征。建议使用区别较大的动物进行组合，尝试不同的可能性。这次的灵感来源于克苏鲁神话，所以我们将结合蜥蜴和章鱼的生物特点，创造想象中的新生物。图 1

图 1 多种途径寻找适合的资料作为参考，请勿使用没有版权的图片

02 设计场景

根据想象的生物，我们需要为它设计一个具有故事性的场景。可以是充满神秘感的古代石柱，或是曾经辉煌过的古代废墟。要记住，场景中的一切都是为了让这个幻想中的生物更加合理。图 2

图 2 环境设计也需要从现实中寻找参考来增加可信度和历史感

03 绘制怪兽的草图

这只想象中的怪兽拥有坚硬的头部和柔软的触手，所以在设计时一定要突出触手多变又优美的弧度。因为草稿比较复杂，为了方便修改，我们需要在场景线稿上新建一个图层，并使用容易区分的深红色线条绘制怪兽形象的草稿。图 3

图 3 草稿可以使用比较粗犷的"木炭块"笔刷绘制

04 精细草稿

草图初见成效后，可以新建一个图层，用更细致的笔刷重新描绘线稿。暂时关闭其他不需要的图层，可以更清晰地观察上一版本草图的轮廓，方便我们一边绘制一边做出适当的修改。图 4

图 4 使用更细致的笔刷重新描绘线稿

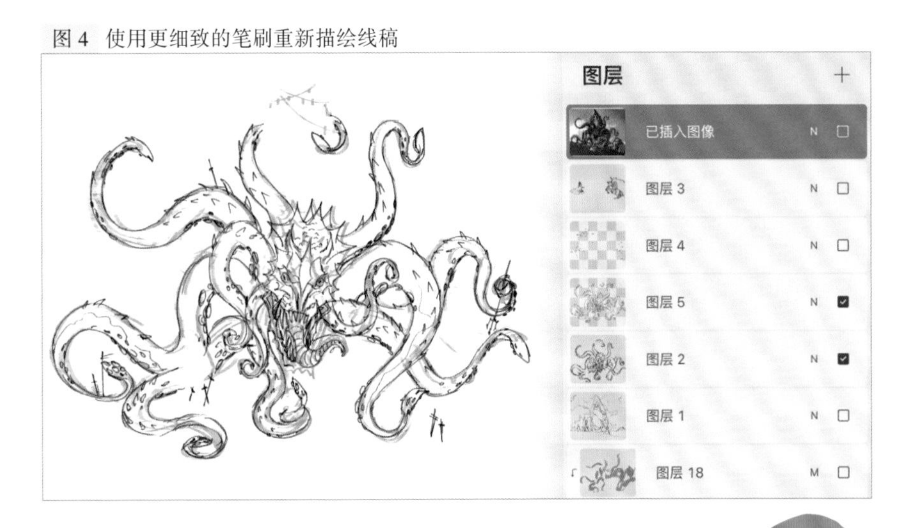

05 绘制人物形象

将背景图层打开并降低不透明度作为后续的参考。新建一个图层，绘制出戏剧冲突的公主和骑士作为“点缀”。

当然，我们要突出的是怪物本身，加入人物也不应分散观者的注意力。图 5

图 5 添加公主和骑士形象

06 检查构图

在开始上色之前，使用“操作”中的“水平翻转画布”对图像进行镜像，来观察草图结构是否合理。仔细地来回翻转检查，可以有效地找出结构上的问题。使用液化功能可以快速修改线条而不用重新绘制。这一步骤可能花费较多时间，但是必不可少。图 6

图 6 观察草图结构是否合理

07 色彩搭配

生物线稿修整完毕，在图层下方新建一个图层，快速绘制整张图片的色彩搭配。不用考虑物体的立体感，只需要让配色和谐。图 7

图 7 在这一步需要反复调整颜色搭配，以便之后的绘制不会偏离想要表现的氛围

08 添加阴影

整体上色完毕，再在图层上方新建一个图层，绘制大致的光效和阴影。 图 8

图 8　添加光效和阴影

09 丰富背景

最后新建一个图层，为背景绘制深色的乌云，增加画面压抑紧张的氛围。整体观察画面，调整乌云涂层的不透明度，使画面的空间感更加纵深，再为天空增加一些鸟群来丰富画面。 图 9

图 9　调整乌云的不透明度，增加背景的空间感

10 绘制背景的渐变效果

将绘制好的色稿小样缩小后合并并放置在右上方，作为之后绘图的参考。关闭怪兽线稿图层，并在所有图层下方新建一个图层。使用“软画笔”笔刷绘制出背景的大致渐变。图 10

然后使用“调整”中的“高斯模糊”滤镜，让颜色过渡变得柔和。

图 10 为背影添加渐变效果

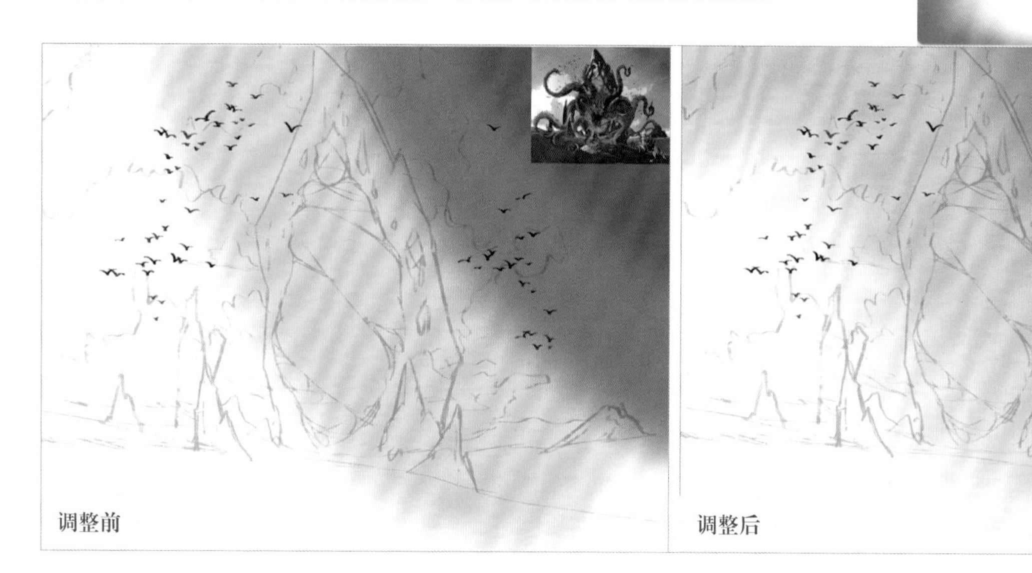

11 绘制前景

现在在这个图层上方新建图层，用来绘制草地。可以选择“页岩画笔”绘制出草地的轮廓，并保证轮廓线是连贯的。使用快速填充工具为草地填充颜色，这个工具类似于 Photoshop 中的油漆桶工具。图 11

图 11 快速填充工具可以完美地填充闭合的图形

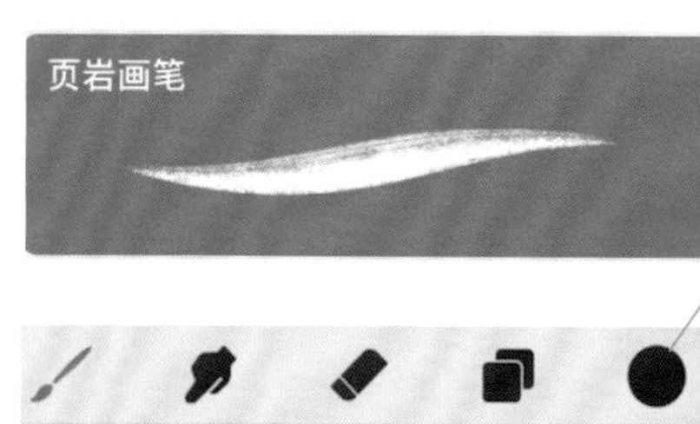

12 增加草地的肌理感

将草地图层阿尔法锁定，使用“重金属”笔刷为草地增加肌理感。 图 12

图 12 为草地增加肌理感

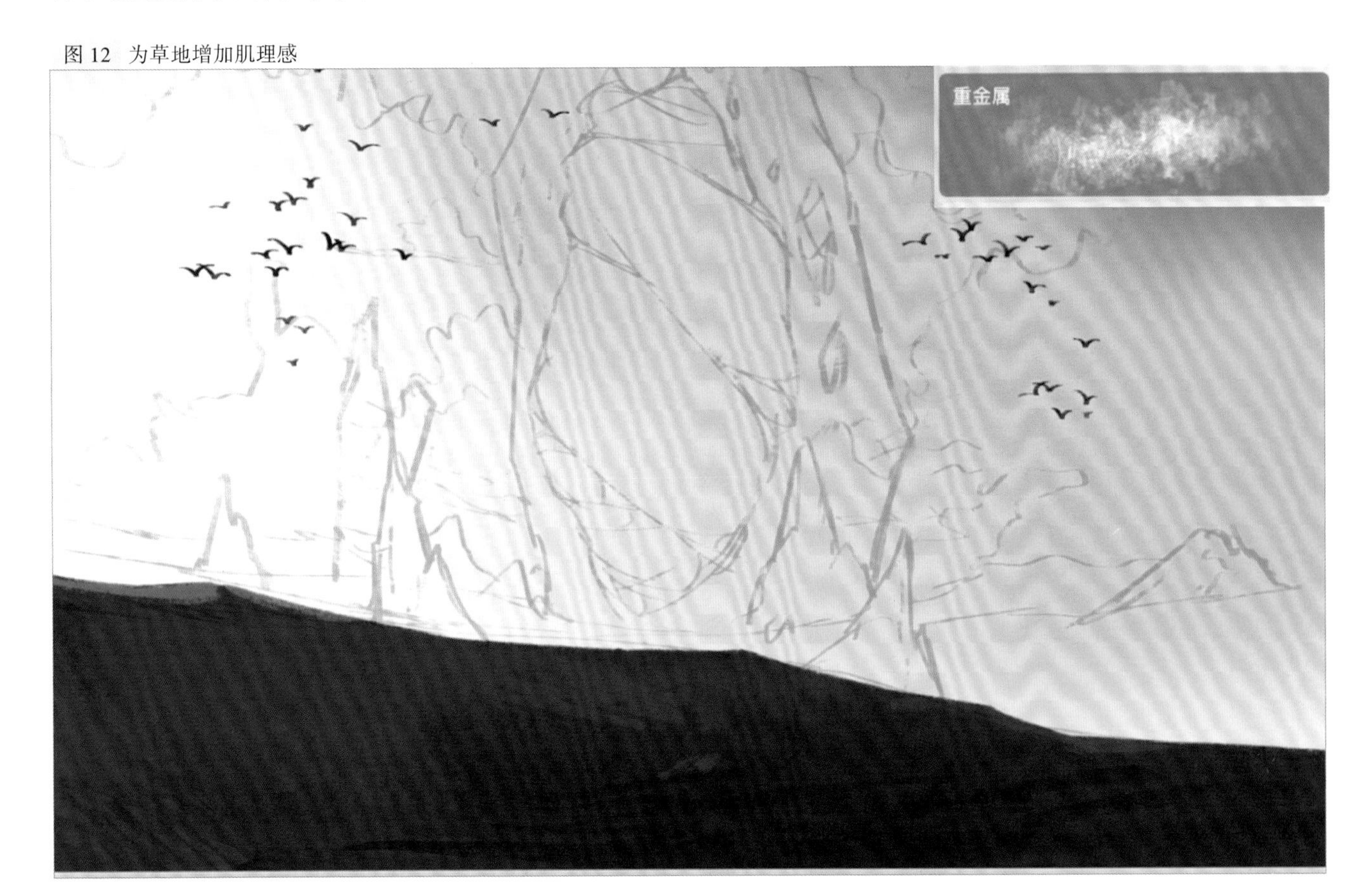

13 分层绘制石柱

使用相同的方法分别新建图层，绘制远处的草地、碎石，后面的碎石和中间的石柱。

要注意图层前后排列的顺序，避免错误的遮挡。 图 13

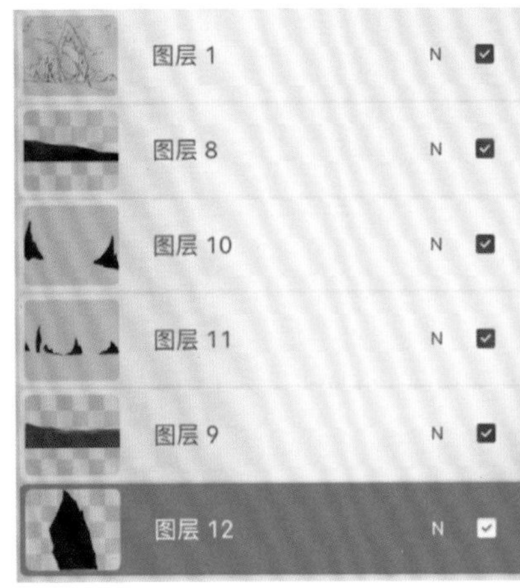

图 13 分层绘制画面中的不同元素，可以方便之后的绘画

14 丰富石柱的颜色

将石柱图层阿尔法锁定，用“页岩画笔”笔刷根据石头走势随意绘制一些线条，选择的颜色与石柱明度近似但色相不同。这样才能使石柱具有更丰富的色彩变化。接着使用涂抹工具让颜色产生融合。涂抹工具和画笔、橡皮工具一样可以选择不同形态的笔刷。这里选择使用“软混色”笔刷。图 14

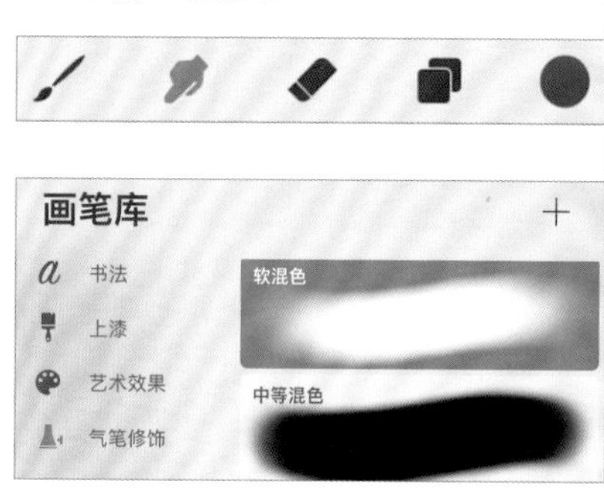

图 14 刻画石柱效果

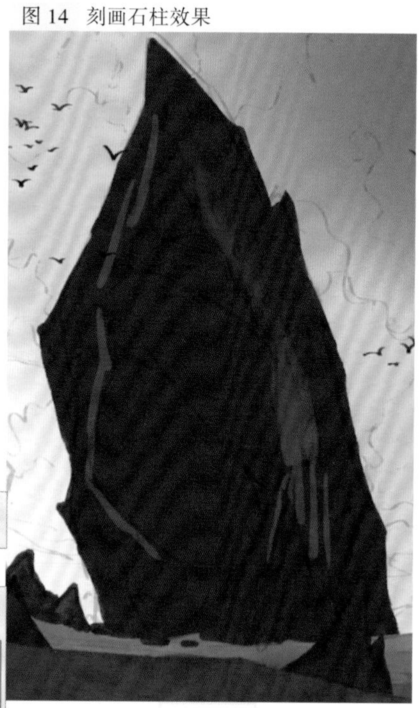

涂抹前

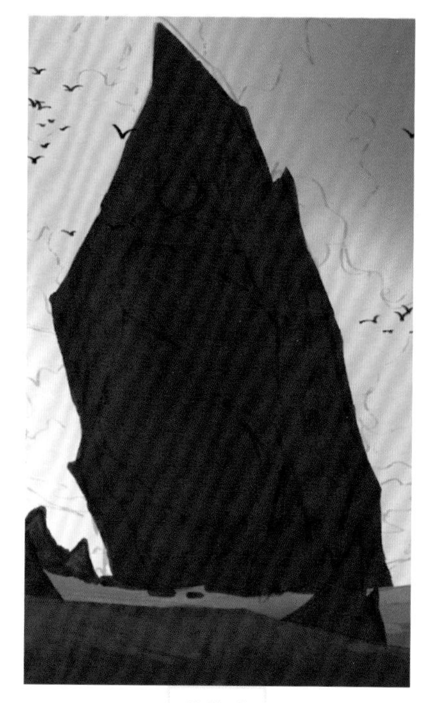

涂抹后

15 擦出洞穴的形状

将石柱图层解除阿尔法锁定，利用橡皮擦工具擦出石柱上的空洞。注意排列上要有大小疏密的变化。图 15

用“页岩画笔”笔刷绘制出纤细的蜘蛛丝一样的效果。

图 15 刻画岩石等坚硬物体时，线条可以尽量平直

16 绘制山洞

在石柱图层下方新建一个图层，用荧光感的绿色画出洞内的空间，再添加一些相近的颜色，丰富色彩变化。然后使用涂抹工具融合这些笔触。最后选用最亮的荧光绿画出石柱空洞中的高光，使石洞产生空间感，并有发光的感觉。图 16

图 16 刻画石洞的空间感

17 绘制云彩

接着绘制云彩。使用“雨林”笔刷可以很好地模拟云彩蓬松的质感。图 17

图 17 展现云彩蓬松的质感

18 绘制怪兽的剪影

将刚刚绘制好的背景层暂时关闭。打开怪兽线稿图层，在图层下方新建一个图层来绘制怪兽的剪影。这一步需要仔细地填充每一个缝隙，保证上色均匀，方便之后使用剪辑蒙版功能。图 18

图 18 绘制怪兽剪影

19 添加渐变

将怪兽图层阿尔法锁定，然后用“软画笔”根据光源方向给怪兽增加亮度，以怪兽的下巴处为最亮的部分向边缘渐变。图 19

图 19 为怪兽增加亮度

20 绘制怪兽的细节

将怪兽线稿层不透明度设置为 19%。在怪兽轮廓图层上方新建剪辑蒙版图层，绘制怪兽的舌头和眼睛。 图 20

图 20 绘制怪兽的舌头和眼睛

21 增加皮肤质感

在上方新建一个剪辑蒙版图层，使用“润色”笔刷中的“粗皮”和“僵尸皮”笔刷绘制怪兽皮肤的质感。注意不用平涂，只选择重点的部分增加即可。 图 21

图 21 用画笔为怪兽增加质感时，也要注意明暗的变化，亮面的纹理会比暗处更加清晰

22 添加明暗关系

在上方新建一个剪辑蒙版图层，并设置混合模式为“正片叠底”，用灰蓝色刻画怪兽的立体感和结构。绘制这一步骤时，画面可能显得比较灰暗，不用担心，之后我们会利用高光让画面富有变化。图 22

图 22 刻画怪兽的立体感和结构

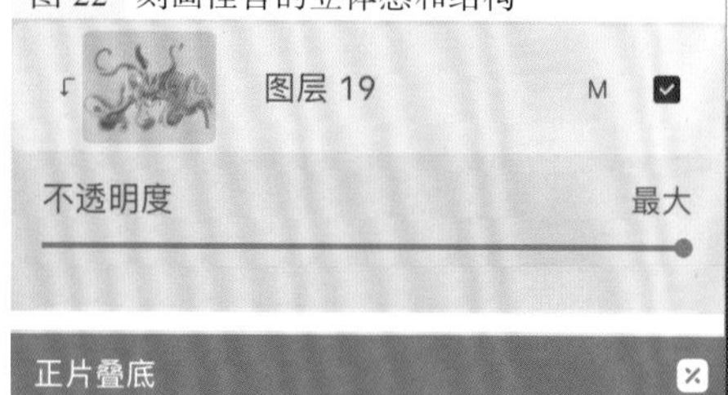

23 刻画五官细节

新建剪辑蒙版图层，为怪兽添加面部纹理和牙齿。在绘制牙齿时需要注意怪兽头部属于背光环境，所以使用较深的灰色表现牙齿会更自然。绘制完成后新建剪辑蒙版图层，为眼睛、牙齿、舌头加上高光和口水修饰。图 23

图 23 为怪兽添加面部纹理和牙齿

24 增加触手的细节

新建一个剪辑蒙版图层，为怪兽的身体添加吸盘和倒刺。图 24

图 24 增加细节时要注意整体的光源变化

25 新建“组”

现在可以将所有怪兽图层合并为一个组。首先选中怪兽图层，然后向右滑动其他怪兽相关的图层。单击图层面板右上方的“组”按钮，将选中的图层新建为一个组。

我们将该组命名为“怪物”，并向左滑动复制该组备用。图 25

图 25 复制怪物组

26 合并图层

在新复制的组中，可以使用快捷手势分别用两根手指按住想要合并的图层，最上面和最底下的图层向中间挤压，将怪兽的图层全部合并为一个图层。我们将在新建的组中对怪兽进行进一步的修饰。图 26

图 26 合并多个图层

图层 22 N
图层 24 N
图层 23 C
图层 25 N
图层 19 M
图层 10 M
图层 21 N
图层 17 N
图层 18 N
图层 16 N

27 绘制面部细节

在合并过的怪兽图层上新建剪辑蒙版图层，使用“听盒”笔刷细致刻画怪兽的脸部。图 27

图 27 刻画怪兽面部细节

28 添加光源

在怪兽图层上新建若干剪辑蒙版图层，用来绘制怪兽身体上的各种光源。首先用山洞中的荧光绿绘制此光源的受光部分，再绘制天空的暖色光源。通过不同涂层的反复渲染达到合适的效果。

其中，柔光层需要将图层属性设置为“柔光”，以获得更进一步的提亮效果。图 28

图 28 根据光源设置多个光源图层，方便调整，也使光源层次更加丰富

29 添加石柱的光效

找到石柱图层，在其上方新建一个剪辑蒙版图层。绘制石柱的立体感和高光时，注意多种光源对石柱产生的影响。图 29

图 29　刻画石柱的立体感和高光

30 绘制碎石的光效

为其他石块同样新建剪辑蒙版图层，绘制出光源和立体感。特别需要注意的是，最前方的三角形石块遮挡住了怪兽的触须，所以我们可以单独复制它放置在怪兽图层的最上方，也可以采取擦除触须的做法，不过这样很难完美地衔接。同时需要注意物体距离光源远近所产生的色彩变化。图 30

图 30　利用上下图层相互遮挡的属性，可以更快捷地表现物体的前后关系

31 刻画草地效果

现在开始刻画草地效果。取消草地图层的阿尔法锁定，用“暮光”笔刷绘制草地边缘参差的轮廓。图 31

图 31 为草地边缘绘制轮廓

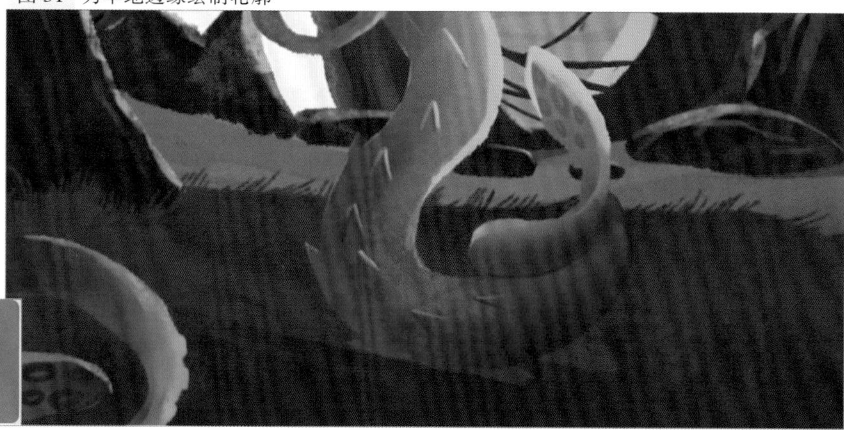

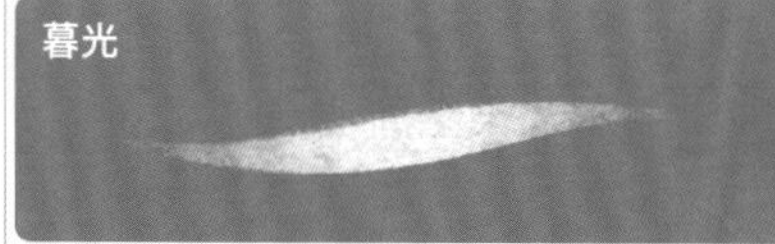

32 添加草地的亮部

在上方新建剪辑蒙版图层，绘制受到山洞光源影响产生的颜色变化。笔刷绘制要模仿草丛的感觉。图 32

图 32 绘制受到山洞光源影响产生的颜色变化

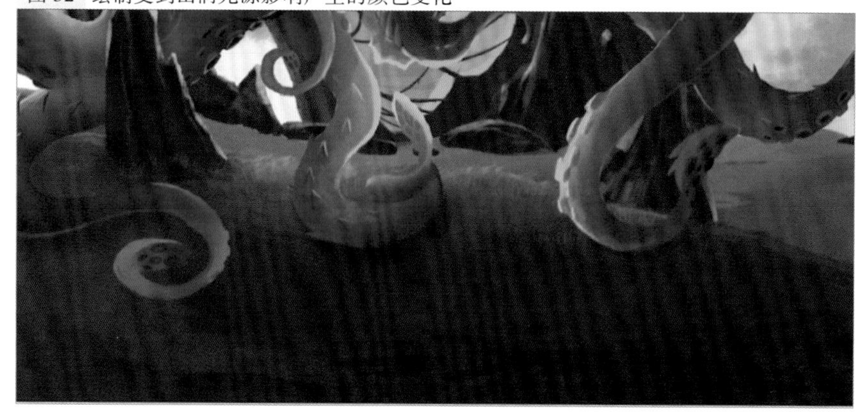

33 绘制远处的草

用同样的笔触绘制远处的草地。远处的明暗对比要低于近处，才能产生空间感。图 33

图 33 也可使用系统自带的植物笔刷丰富肌理

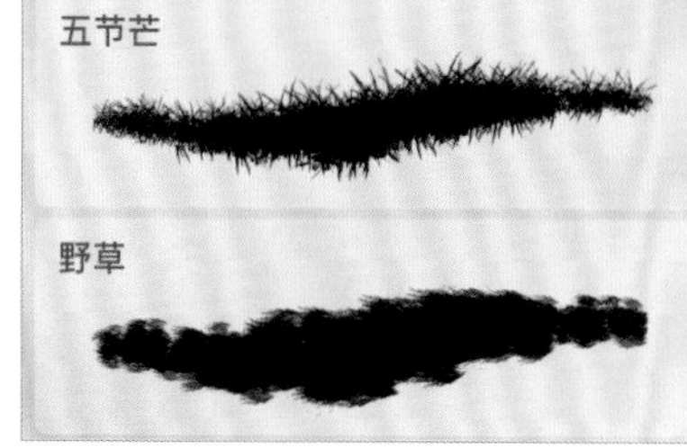

34 绘制人物的轮廓

将人物线稿图层打开，将不透明度设置为30%。

在线稿图层下面新建一个图层，绘制出人物的轮廓，并将图层阿尔法锁定。图 34

图 34 新建图层并绘制人物的轮廓

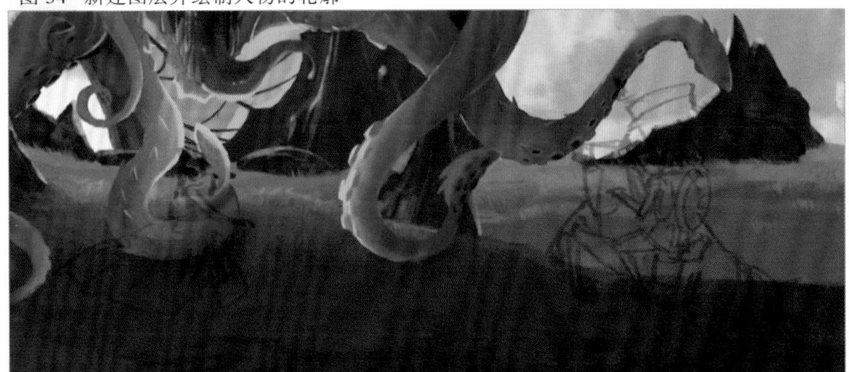

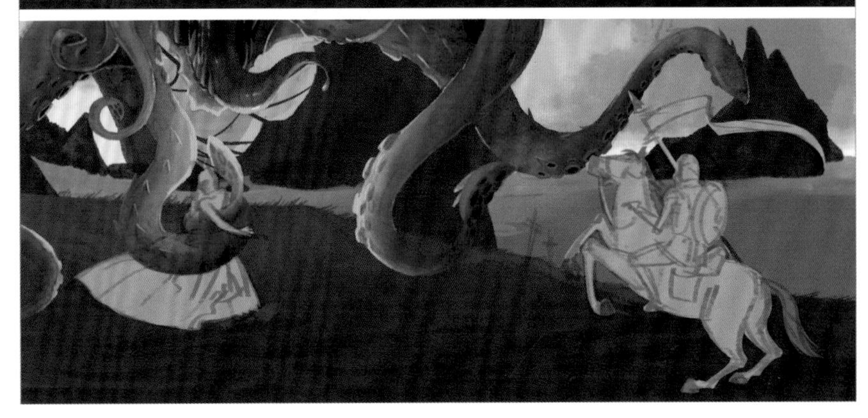

35 绘制人物的细节

关闭线稿图层，在底色图层上方新建一个剪辑蒙版图层，绘制人物的固有色。仔细刻画盔甲和裙子的细节。

再新建一个剪辑蒙版图层，属性设置为“正片叠底”，用来绘制阴影。因为背对光源，我们可以使用较深的颜色。

最后在最上方新建剪辑蒙版图层，用来绘制绿色的环境光。因为距离光源比较远，所以反光不能画得特别夸张。图 35

图 35 绿色的环境光对事物和人物的固有色产生影响，需要根据距离远近分别处理

36 添加细节

接下来在所有图层上方新建一个图层，添加散落在各处的武器，为画面增加故事性。注意武器要根据环境画出高光和反光。 图 36

图 36 绘制武器元素

37 修改颜色

将鸟群图层阿尔法锁定，选择随机的鸟儿用稍浅一些的深灰色涂抹，使鸟群也有空间感。 图 37

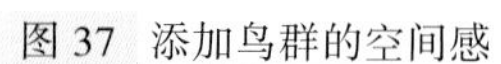

图 37 添加鸟群的空间感

38 调整背景

调整云彩图层的不透明度，拉大场景的空间感。 图 38

图 38 调整场景的空间感

最终的图像

画面呈现了一个经典的英雄主义故事：异次元的怪兽冲破结界，勇敢的骑士和远处受到惊吓飞起的鸟群，地上散落的兵器诉说着曾经在这奋战过的勇士，压抑的黑云凸显悲剧的结局。通过本案例的学习，相信用户已经掌握了更多关于塑造幻想生物的方法。在 Procreate 中高效地利用系统自带笔刷，可以获得富有质感的插图作品。

案例效果展示 · 蜘蛛王

案例效果展示 · 龙炎

案例 7

星际航行

整体思路

绚烂又神秘的太空是众多插画家喜欢的主题之一。在这个未知的无限空间，可以尽情发挥想象力，创造惊人的宇宙风光或壮丽的宇宙飞船。本案例将提供太空主题插图绘画的步骤详解。发光的银河、成群结队的飞船、巨大的星环，我们将从草图一步步制作出自己的星际故事。可能是星际移民发现了新的星球，也可以把它想象成一次突袭。

灵活地利用笔刷，将使绘画更加轻松快捷。特别是绘制光效或星空这种直接手绘需要大量时间的元素，Procreate 丰富的笔刷提供给创作者更多的可能。

利用图层混合模式，是一种系统优于直接手绘的作画方式。现在开始我们的星际“航行”吧。

在本章中，你可以学到：

- 如何设置笔刷
- 如何使用变形工具调整画面
- 如何使用选取工具快速填色
- 如何使用图层混合模式
- 如何使用“发光笔刷”绘制光效
- 如何使用调整工具快速改变图像的颜色

创作步骤

01 搜集参考资料

在开始创作之前，需要充分地寻找资料，使自己的设计不是单纯的异想天开。关于太空我们所知甚少，可以通过网络搜寻适合的图片，感受星空、银河、星云和行星的质感。图 1

图 1 将搜索到的图片保存在 iPad 中，以便可以随时查看

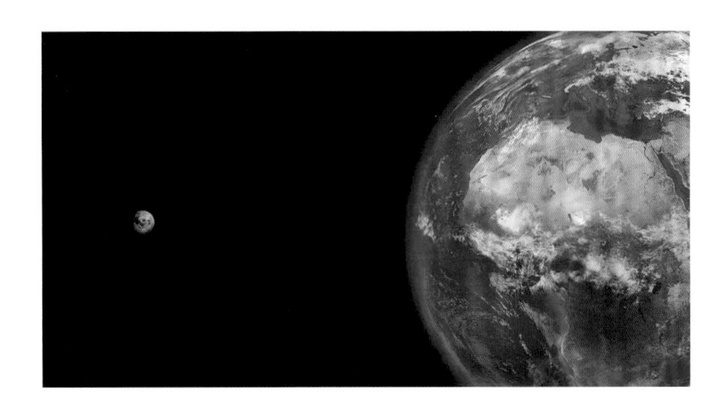

02 绘制草图

接着开始绘制构图。选用系统自带的“粉笔”笔刷能很好地模拟纸上绘图的感觉。根据想表现的主题从占面积最大的星球开始，再新建图层绘制在它上方的飞船。线条不用特别准确，重点是概括画面整体的走势。这一步骤作为画面的基础，可以适当多花一点时间研究。

我们可以使用变形工具直接调整飞船的大小、方向和位置。图 2

图 2 Procreate 自带的好用又自然的“粉笔”笔刷

03 调整草图

从 图3 可以看到，比起上一步骤，加大了主体飞船的大小以凸显主题。我们根据最终构图，新建一个图层，用红色绘制出飞船较为精细的草图。这时的草图要包含对飞船细节的设计，方便之后绘图时参考。

图3 刻画飞船的草图

04 设计配色

接着用大号笔刷快速分层绘制出太空的底色、星球的颜色和飞船的主色调。可以概括地表现出光影变化，然后使用调整工具中的“色相”“饱和度”“亮度”调整各个元素的颜色，尝试不同的配色方案。图4

图4 运用色相、饱和度、亮度调整滤镜，试验不同的配色方案

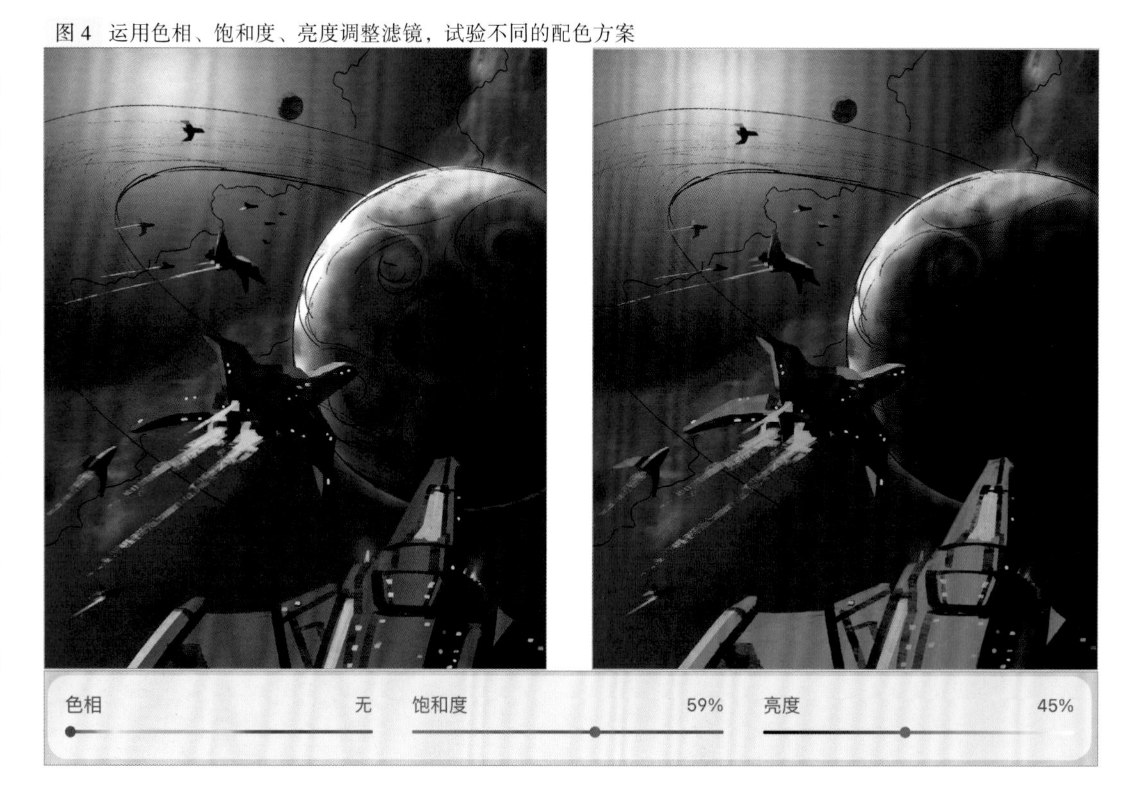

05 设置调色板

我们可以为配色方案增加光源和远景的色彩变化，让这张小稿更加接近想要呈现的效果。

接着在这张色调方案中提炼出主要颜色，并利用“调色板”面板新建一个调色板，将主要颜色吸色保存。图 5

图 5 保存常用的配色方案，方便绘制时吸色

06 放置样稿

将试色样稿合并成一个图层并放置在画布的一角，作为之后绘图的参考，这个图层要始终保持在所有图层的最上面。将线稿图层模式设置为“正片叠底”，降低透明度，这样可以清晰地看到草稿又不至于被其影响。图 6

图 6 将样稿放置在画布一角

07 填充底色

新建一个图层，吸取调色板上准备好的深蓝色填充整个图层。用“软画笔”笔刷，选择更明亮一点的紫灰色，在光源的位置形成圆形柔和的渐变。如果渐变不够柔和，可以利用“高斯模糊”滤镜调整颜色过渡。图 7

图 7 用深蓝色填充整个图层

08 绘制发光体

在上一步骤创建的图层上方新建一个图层，用白色添加一层光源最亮的中心色，利用“高斯模糊”滤镜调整颜色过渡。图 8

图 8 添加光源中心色

添加后

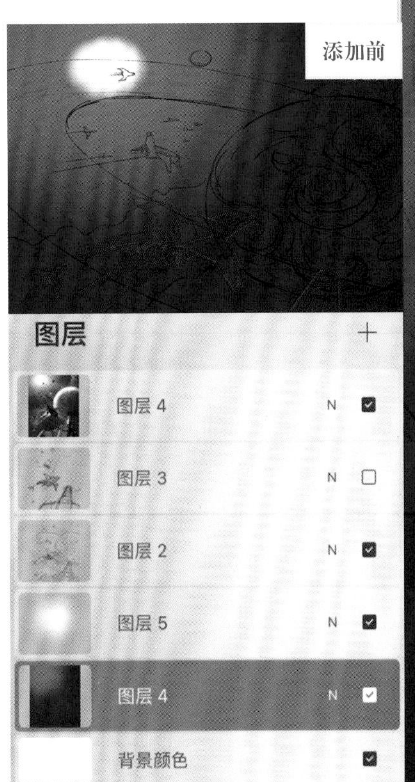

09 调整颜色过渡效果

新建一个图层，用粉紫色添加一层光源，使颜色变化更加丰富。继续利用“高斯模糊”滤镜调整颜色过渡。图 9

图 9 光线渐变通过多图层叠加，展现更丰富的颜色变化

10 绘制光效

新建一个图层，利用 Procreate 自带的“闪光”笔刷绘制恒星发出的光。可以在画面中间绘制，然后使用变形工具改变其角度，并移动到刚才绘制好的光源位置。图 10

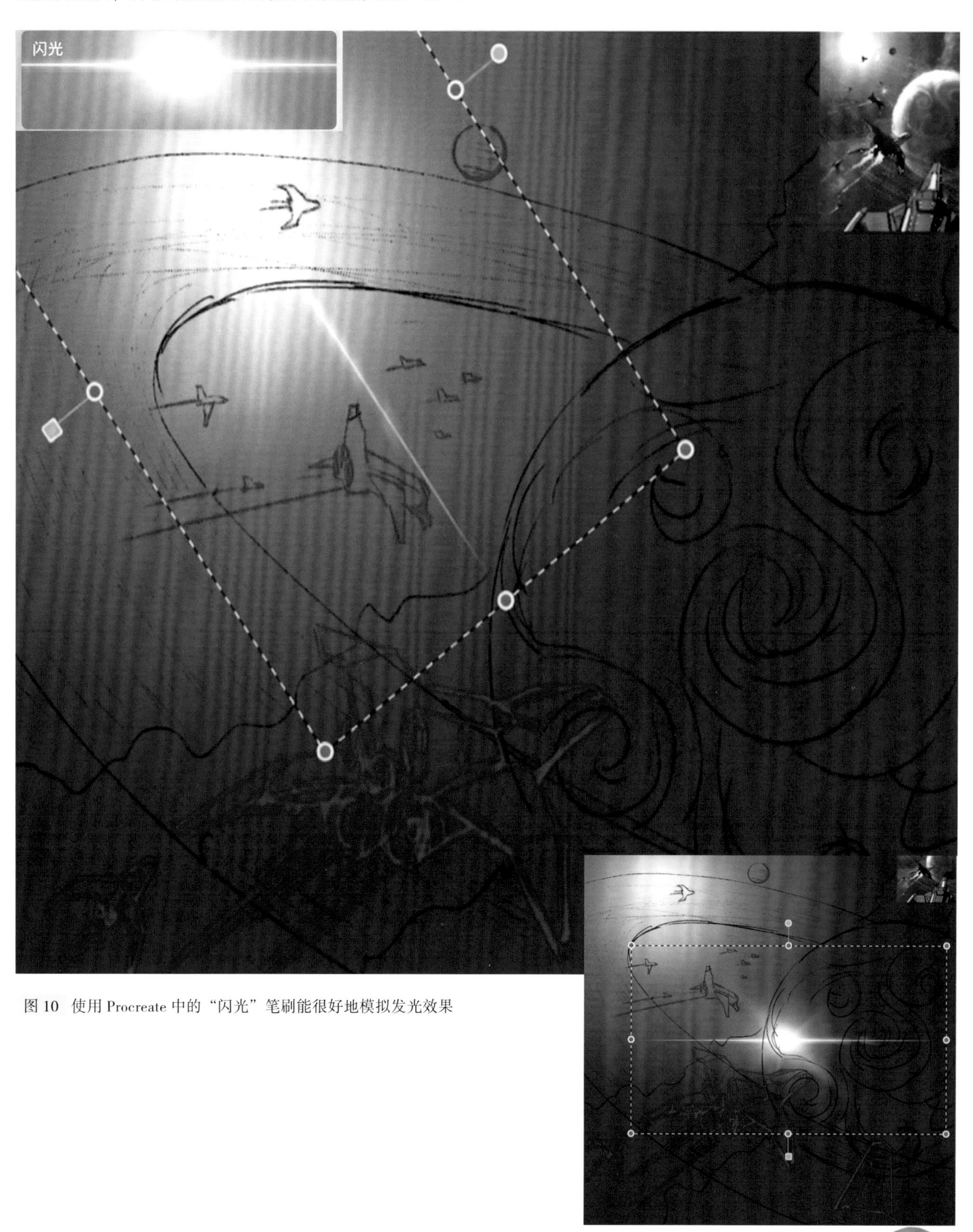

图 10 使用 Procreate 中的“闪光”笔刷能很好地模拟发光效果

11 加强光效

复制 3 个闪光图层，分别改变闪光的大小、角度和不透明度，模拟光线的变化。然后将图层合并为一层。 图 11

图 11 模拟光线变化

12 绘制远处的银河

使用系统自带的“星云”笔刷绘制远处的银河。这个笔刷的属性带有颜色抖动，会自己根据笔触变换色彩。 图 12

图 12 利用“星云”笔刷绘制银河

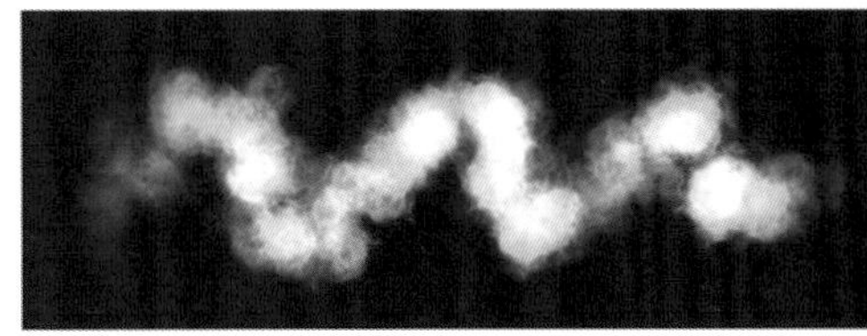

13 增加肌理

用较硬的“杏仁香桉”笔刷增加一些饱和度高的颜色。 图 13

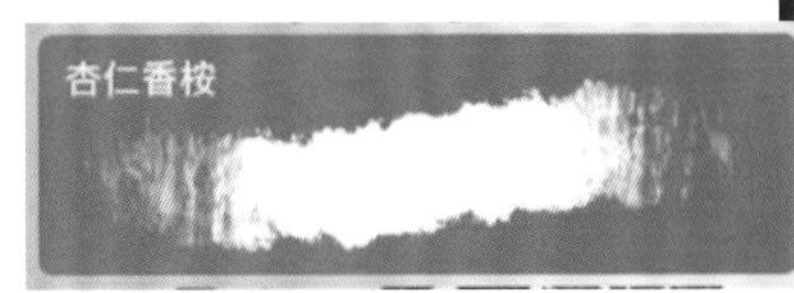

图 13 添加饱和度高的颜色

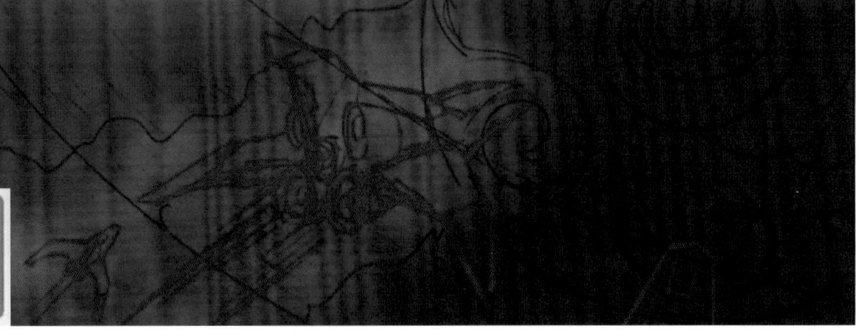

14 使用涂抹工具

使用涂抹工具融合强烈的色彩，可以将“波形”和“软画笔”笔刷交替使用，要保持一定的肌理感和粒子流效果。图 14

图 14 融合强烈的色彩

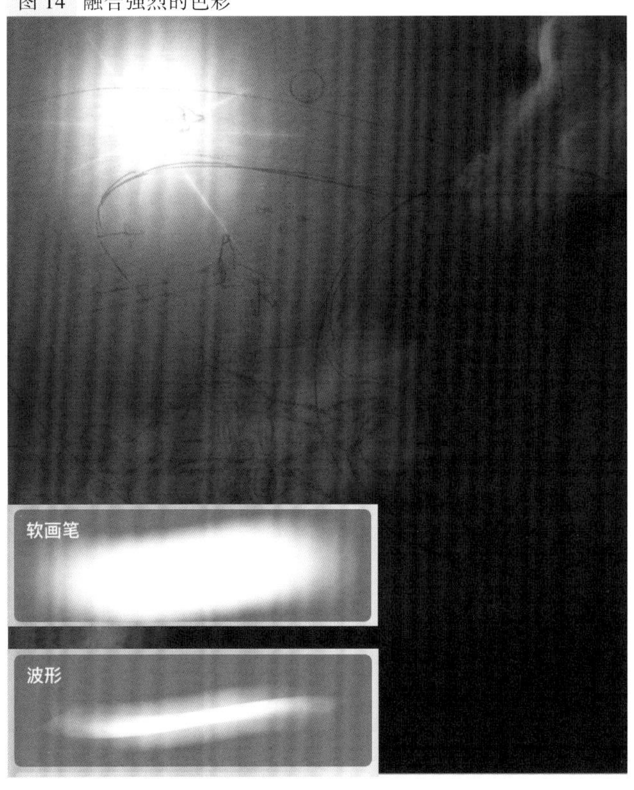

15 提亮银河

再使用“星云”笔刷，用亮些的颜色提亮银河，要注意颜色之间的对比。降低画笔的不透明度，也能提亮一些围绕光源处深色宇宙的部分。图 15

图 15 用更亮的颜色提亮银河

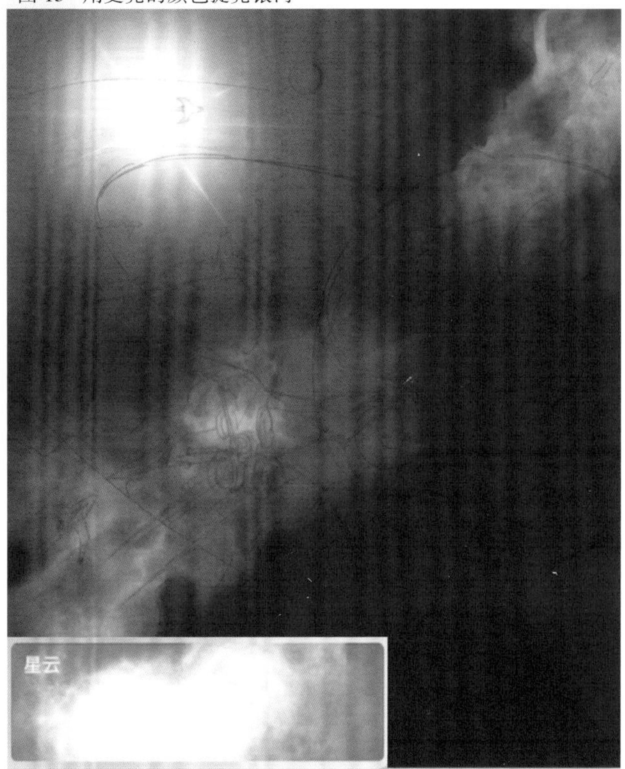

16 设置画笔

利用 Procreate 的画笔工作室面板，可以随意编辑画笔效果。为了绘制银河中的群星，我们找到“微光”笔刷并加大它的间距，使每个星星之间距离变大。图 16

图 16 设置笔刷效果

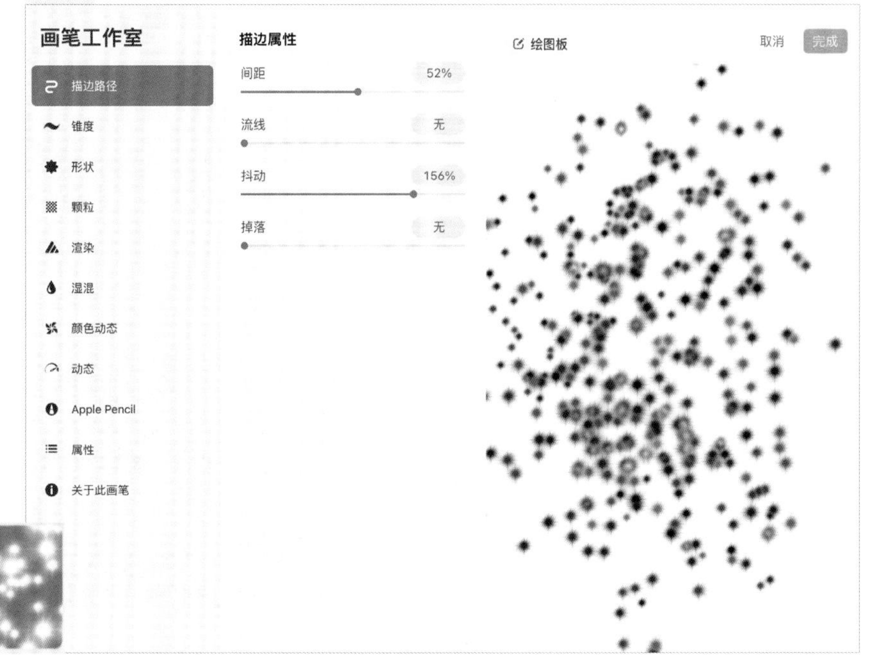

17 绘制星群

新建一个图层，在银河上方和宇宙其他位置绘制星星。选择多种纯度高、明度高的颜色绘制，才能产生绚烂的光感。同时要注意星星的疏密变化。图 17

图 17　星星的颜色不仅限于白色，选择各种靓丽的色彩能让画面显得更加丰富

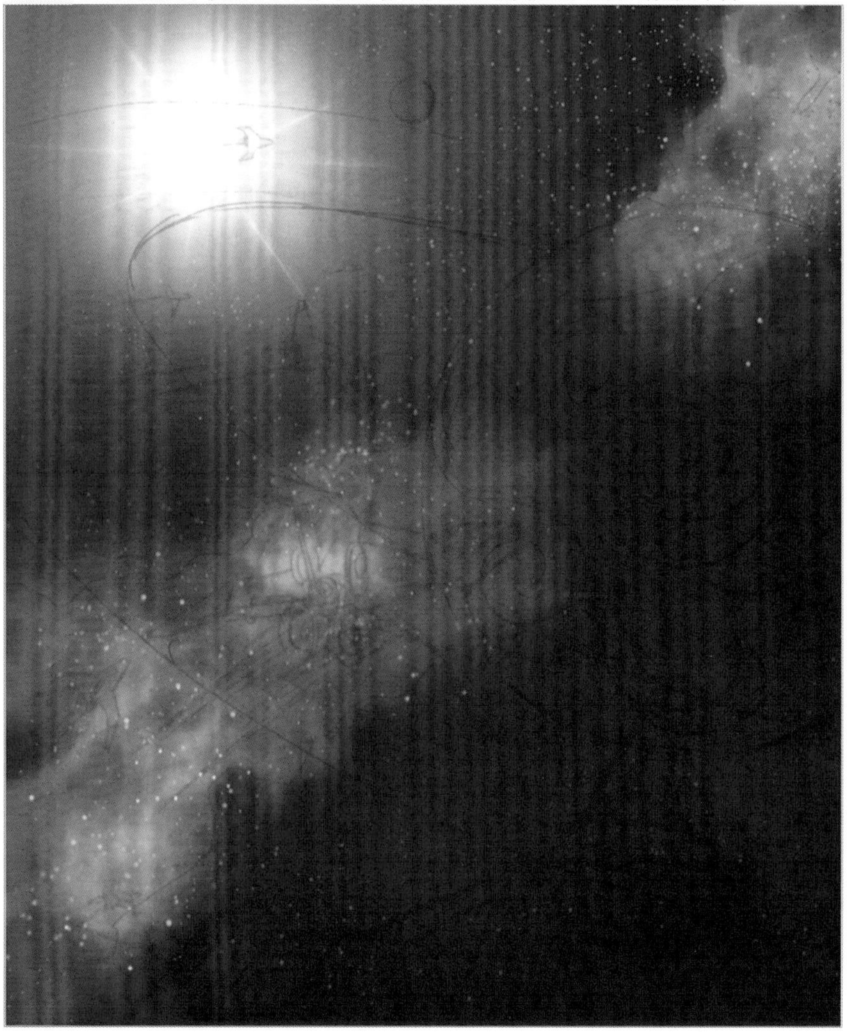

18 绘制星球轮廓

新建图层，使用速创形状工具绘制正圆形的星球，并使用快速填充工具填充颜色。图 18

图 18　速创形状工具可以帮助我们快捷地绘制各种规则的形状和线条

绘制前

绘制后

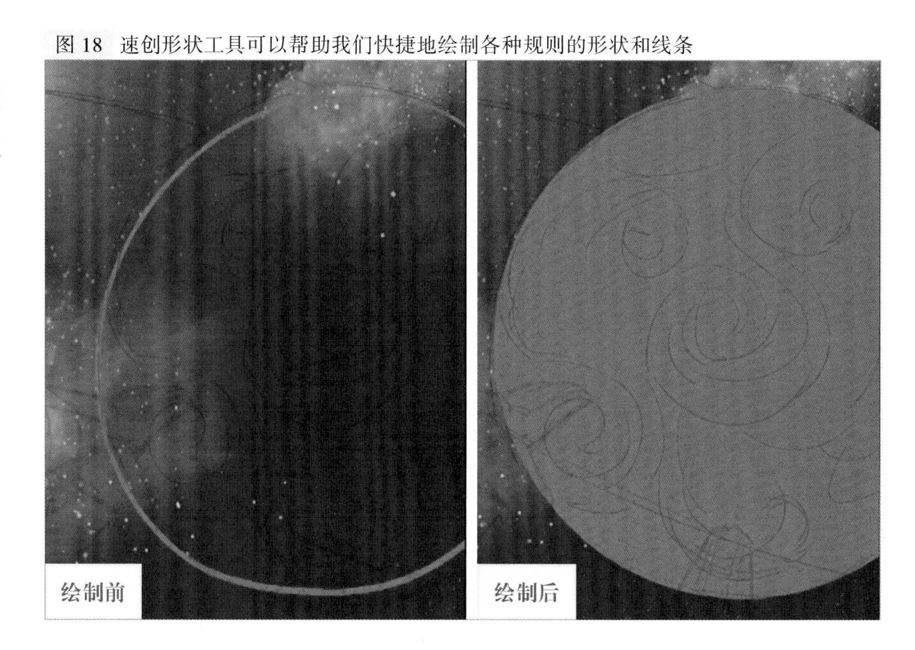

19 绘制星球的细节

将星球图层阿尔法锁定，然后按以下步骤使用不同的笔刷绘制星球的细节。图 19

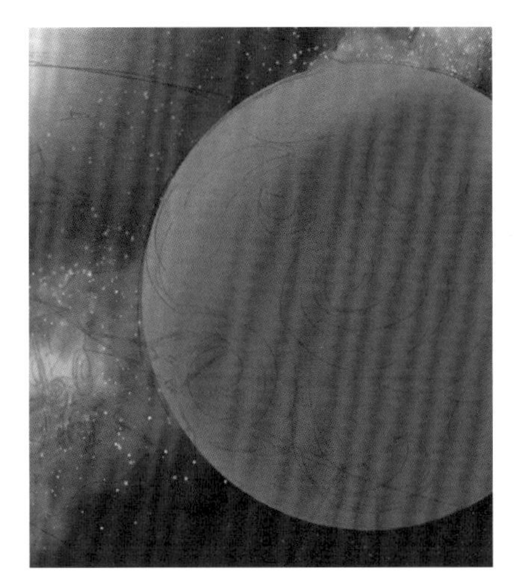

1）用“软画笔”笔刷绘制星球大致的暗部

2）使用“斑点”笔刷绘制星球上类似云彩的纹理

3）新建一个剪辑蒙版图层，属性设置为“正片叠底”模式，用深蓝灰色绘制阴影

4）新建一个剪辑蒙版图层，使用“僵尸皮”笔刷，为星球提亮亮部并增加纹理

5）再新建一个图层，用“雨林”笔刷绘制星球表面大气层的效果

6）复制星球的原始图层，使用调整中的“色相”“饱和度”“亮度”工具，将它变为白色。然后利用“高斯模糊”滤镜，产生发光的效果

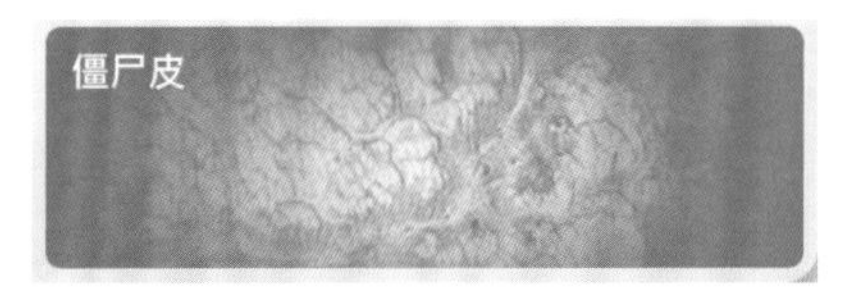

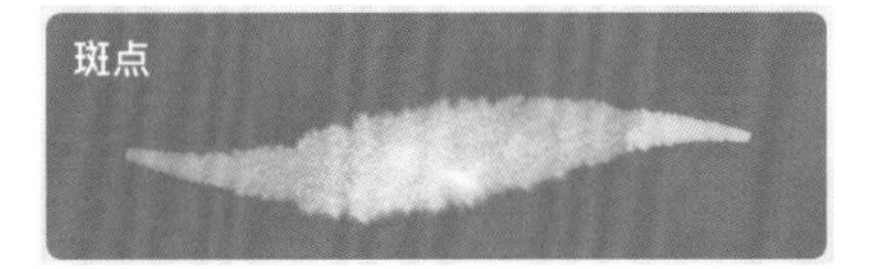

图 19　利用不同的笔刷反复叠加，可以使画面具有特殊的肌理感

20 刻画星球细节

在大气层图层上方新建一个剪辑蒙版图层，利用“斑点”笔刷绘制一片灰蓝色的区域。然后将图层模式修改为“颜色减淡”并适当降低不透明度，使星球透出一些荧光感。图 20

图 20 表现星球的荧光感

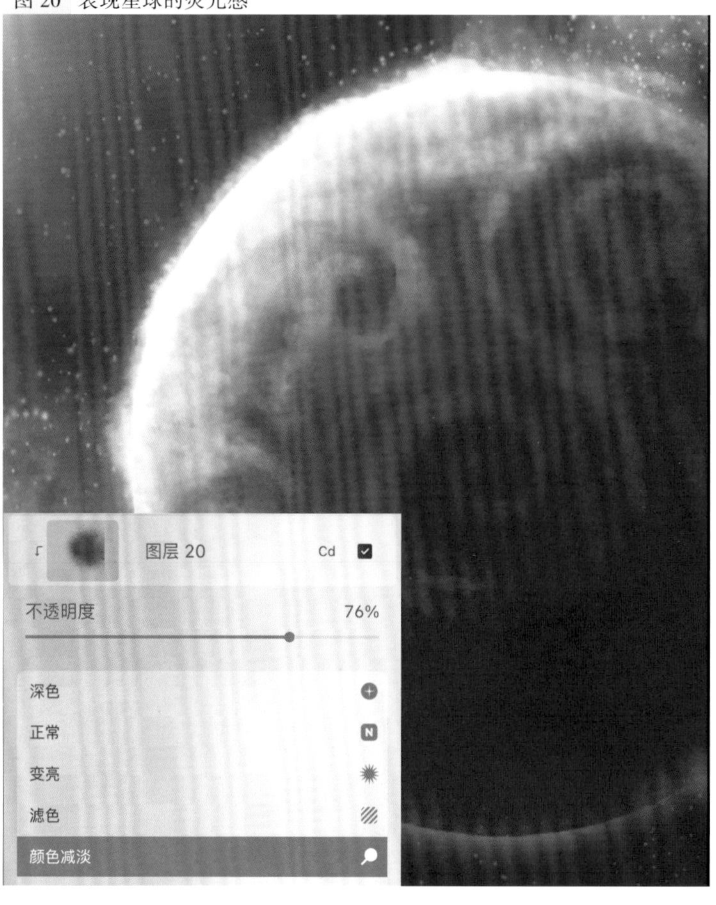

21 添加参考线

在星球所有图层的最上方新建图层，使用速创形状工具绘制星球光环的轮廓。这个轮廓作为参考线在绘制完毕时可以隐藏。图 21

图 21 绘制星球光环的轮廓

22 绘制星环

使用“微光”笔刷和速创形状工具绘制星球的光环，每一个线条要注意互相平行。选择深浅不同的高纯度颜色，以达到丰富的色彩变化。绘制好后，删除参考的线条。图 22

图 22　绘制星球的光环

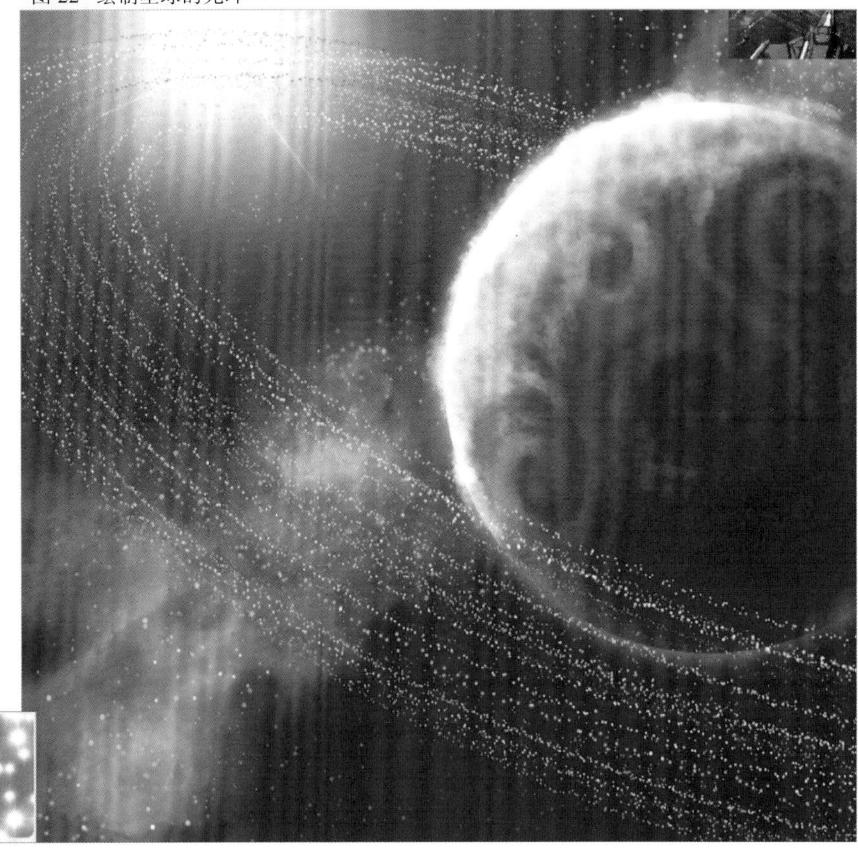

23 添加模糊效果

复制星球光环图层，使用“动态模糊”滤镜让星环产生运动中的残影效果。注意手指滑动的方向会影响残影的方向。图 23

图 23　表现星环运动产生的残影效果

24 添加光效

新建图层，使用“漏光”笔刷给星球加上一些漏光的效果。注意调整画笔的不透明度，让效果尽量自然。图 24

图 24 为星球添加漏光效果

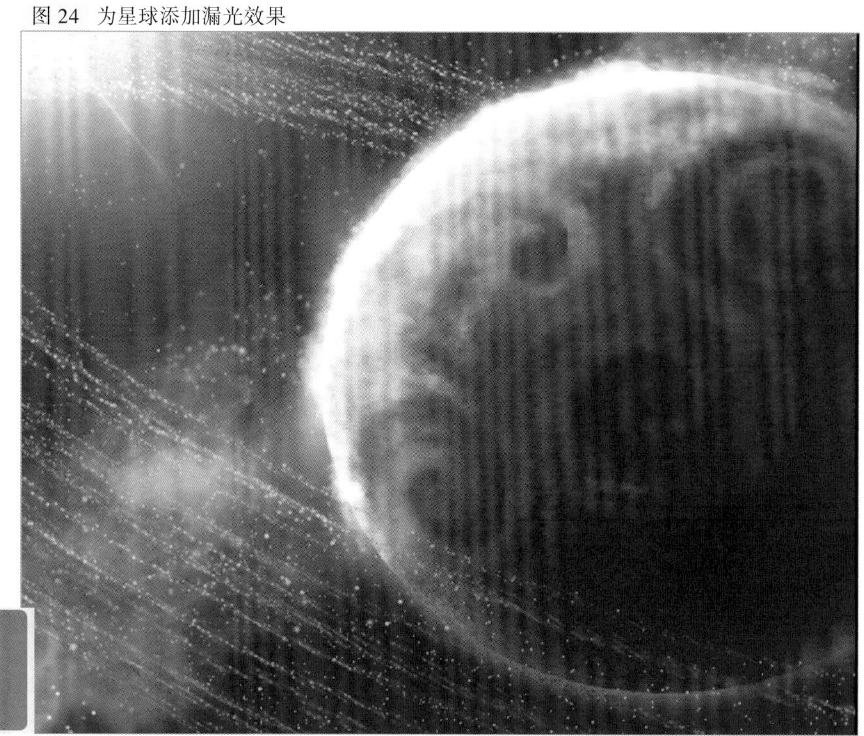

25 创建“组”

完成以上步骤，单击星球最上方的图层，然后依次右滑其他相关图层，将它们全部选中。然后单击“组”按钮，合并为一组。图 25

图 25 通过创建“组”管理图层，可以让绘画更加便捷

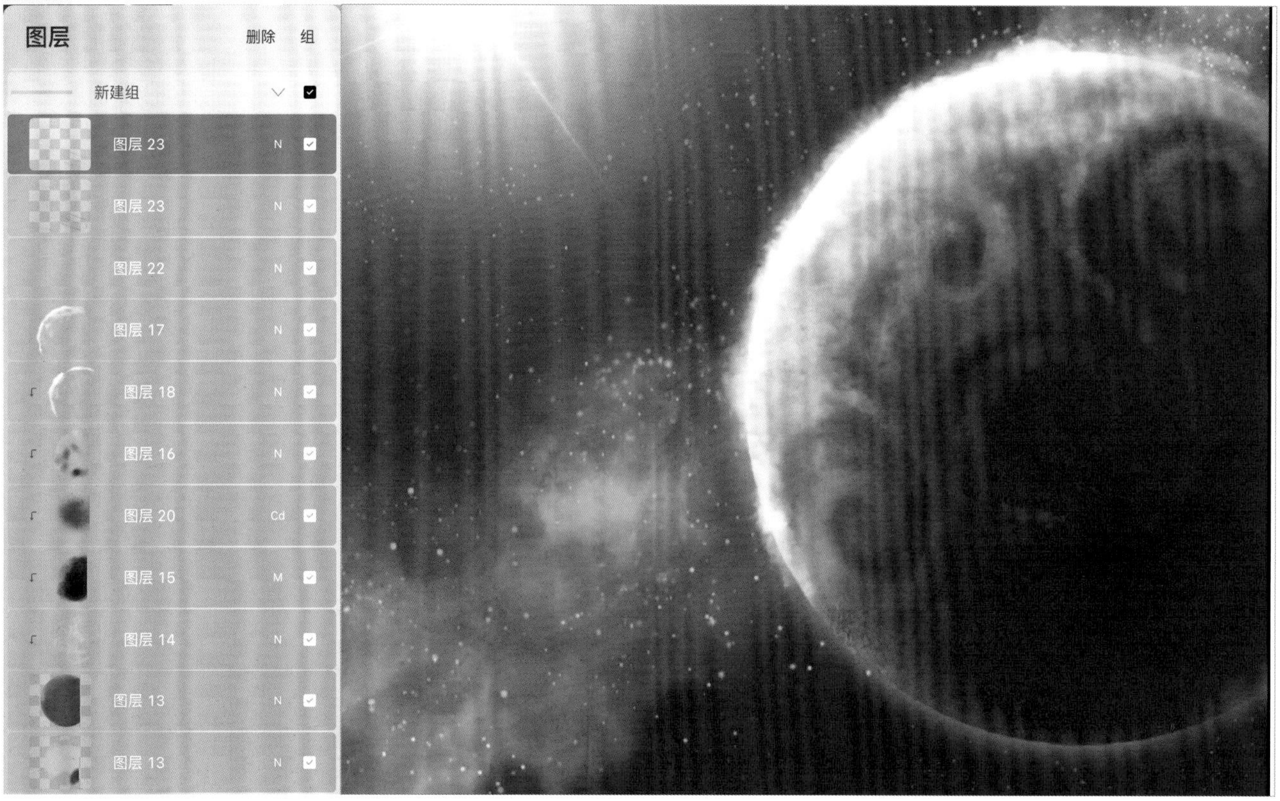

26 绘制飞船轮廓

在组的上方新建一个图层，用于绘制飞船。先绘制出飞船的轮廓，再用快速填充工具填充颜色。按照上述方式，新建一个图层，绘制远处的飞船。图 26

图 26 绘制飞船轮廓并填充颜色

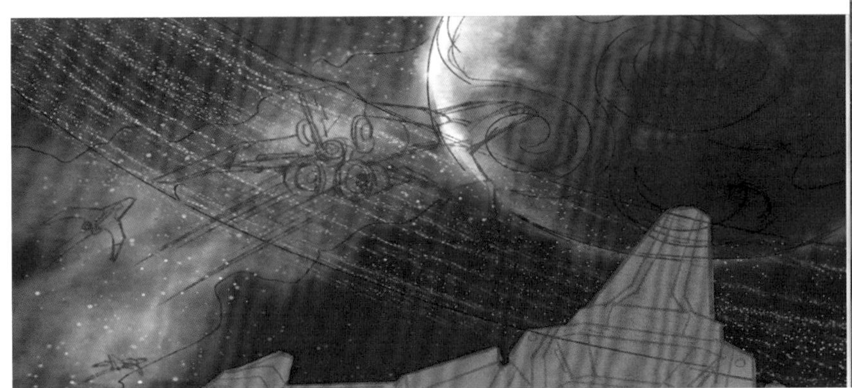

27 设置草稿图层

找到线稿图层，使用色相、饱和度、亮度工具将线稿调整为黑色。降低线稿的不透明度，并将属性设置为“正片叠底”。图 27

图 27 降低线稿的不透明度并设置其属性

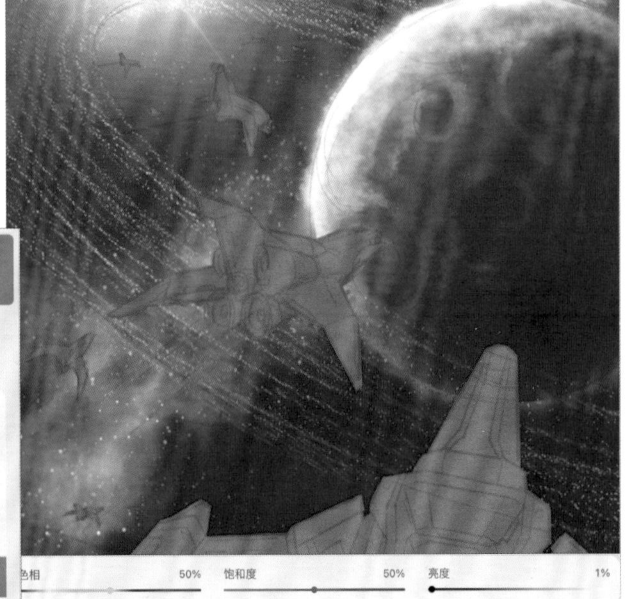

28 绘制卫星

在线稿图层下新建一个图层，绘制小小的卫星。绘制好轮廓后，将图层阿尔法锁定。因为距离很远，所以用带肌理的笔刷刻画出明暗即可。图 28

图 28 绘制卫星并刻画出明暗效果

填充图层
清除选区
阿尔法锁定 ✓
蒙版
图层 2 M
图层 29 N

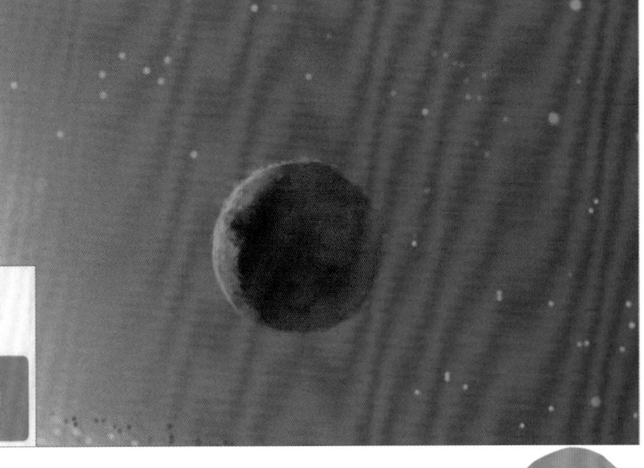

29 添加飞船的细节

继续为飞船丰富细节。在飞船上方新建剪辑蒙版图层，用选区工具的手绘模式绘制选区。首先单击“颜色填充”，在“调色板”中选择白色，然后开始绘制选区。一个选区闭合后，单击“添加”按钮添加下一个选区。

新建一个剪辑蒙版图层，用同样的方式绘制其他颜色的区域。 图 29

图 29 剪辑蒙版功能可以帮助用户方便地控制绘画的轮廓。利用这个功能可以多层叠加图层而不必担心穿帮

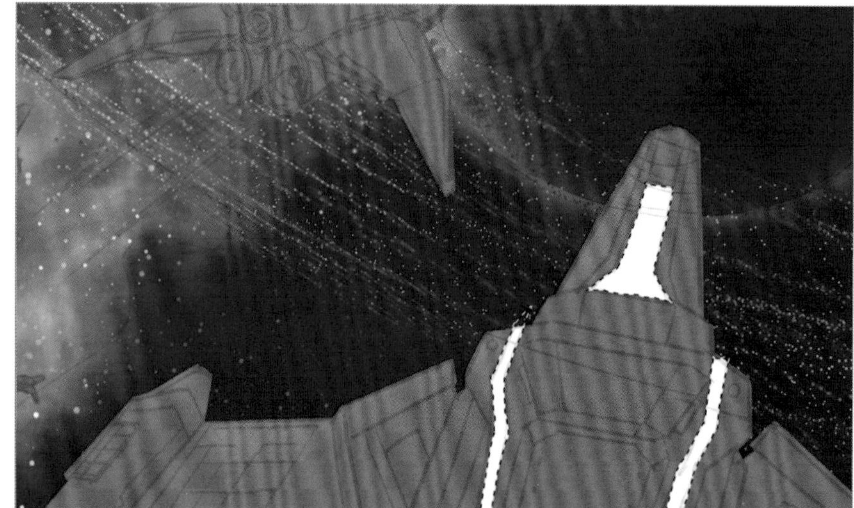

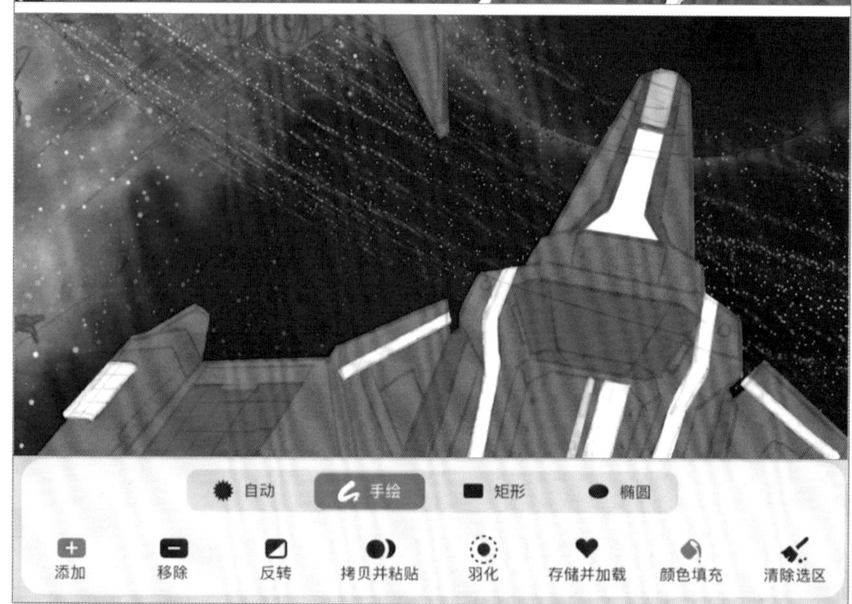

30 添加阴影

在飞船图层上方新建一个剪辑蒙版图层，属性设置为“正片叠底”，绘制飞船的阴影，要利用阴影刻画飞船的结构。 图 30

图 30 利用阴影刻画飞船的结构

31 刻画细节

关闭线稿图层，新建一个剪辑蒙版图层绘制飞船细节，补充比较细小的阴影和机械结构。图 31

图 31 绘制飞船的细节

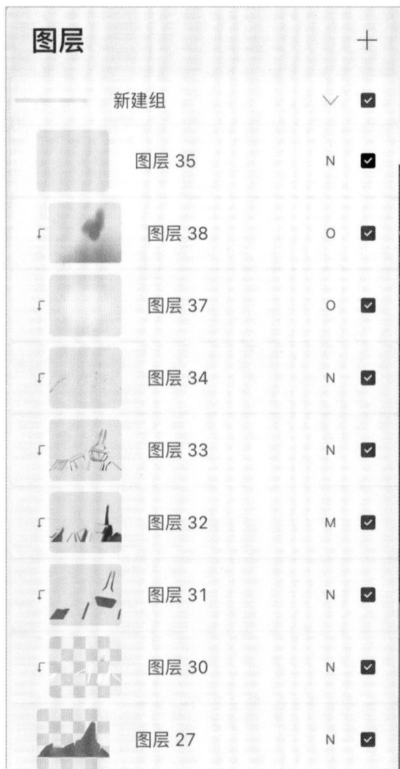

32 增加光源色

新建一个剪辑蒙版图层，属性设置为“覆盖”，使用黄色绘制飞船的受光面。再新建一个剪辑蒙版图层，属性设置为“覆盖”，使用蓝灰色绘制飞船的暗面，表现环境色对飞船的影响，形成鲜明的冷暖对比。最后将相关图层合并为一组。图 32

图 32 表现环境色对飞船的影响

33 绘制远处的飞船群

单击其他飞船所在的图层，在图层上方新建一个剪辑蒙版图层，绘制其他飞船颜色不同的部分。图 33

图 33 刻画其他飞船的颜色效果

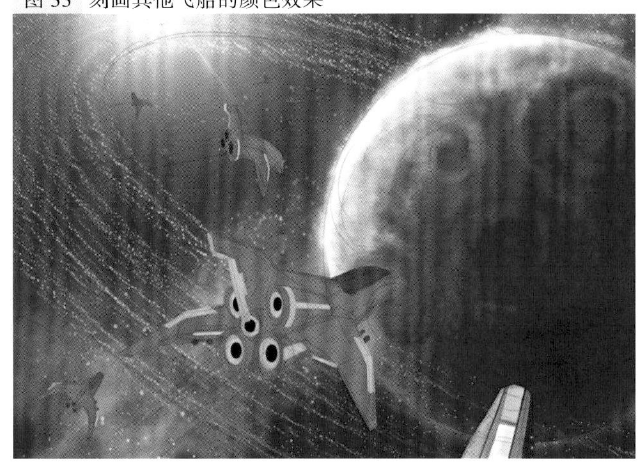

34 添加暗部

新建剪辑蒙版图层，属性设置为“正片叠底”，用带肌理的任意笔刷绘制出飞船的明暗变化，要注意恒星相对于飞船的位置导致阴影的变化。图 34

图 34 刻画飞船的明暗变化

35 刻画细节

新建剪辑蒙版图层，为飞船添加细节，刻画机械纹理。接着再新建一个剪辑蒙版图层，用“浅色笔”笔刷绘制飞船上的发光点。图 35

图 35 为飞船添加细节

36 绘制火焰

新建剪辑蒙版图层，属性设置为“覆盖”。选择浅黄色，使用“软画笔”笔刷绘制出飞船受到环境光的影响。接着再新建一个图层，使用“浅色画笔”笔刷为飞船添加喷射出的火焰，快捷地模拟喷射光线的效果。图 36

图 36 添加喷射的火焰效果

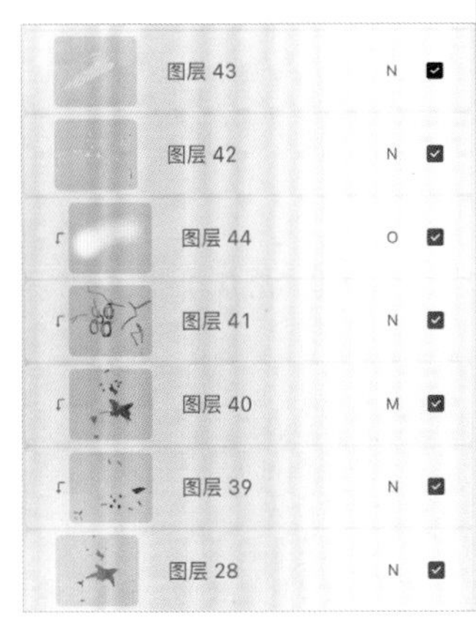

37 为远处飞船添加火焰效果

新建图层，使用“浅色笔”笔刷为远处飞船添加喷射出的火焰。为了表现空间感，需要降低此图层的不透明度。图 37

图 37 绘制时要注意喷火的方向平行于飞船的中轴

38 增加卫星的光效

复制小卫星图层，然后使用“色相”“饱和度”“亮度”工具，将它变为白色。接着应用“高斯模糊”滤镜，使其产生发光的效果。图 38

图 38 使小卫星产生发光的效果

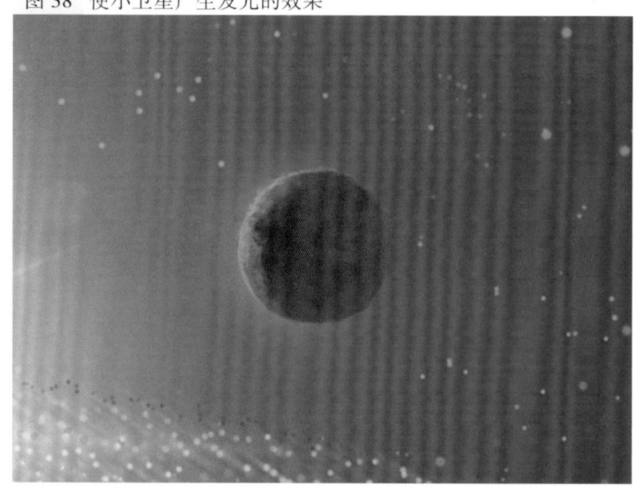

39 增添动态效果

复制大飞船所在的组，并将组内图层合并为一个图层。使用“动态模糊”滤镜，让飞船产生运动中的残影效果。注意手指滑动的方向应为从下往上。

接着选择“软画笔”橡皮擦，擦除过于模糊的部分。图 39

图 39 使用“动态模糊”滤镜，模拟相机捕捉到的飞船运动的瞬间

最终的图像

在画面中，我们能看到广袤的宇宙和无数的星群。飞船和太空的强烈对比，让画面显得富有生气。这并不是一个寂寞的宇宙，而是一个充满希望的宇宙。通过色调的表现，可以更好地传达画面的情绪。

案例效果展示·月光城堡

案例效果展示·基地

案例效果展示 · 摘星

案例 8

摩登城市

整体思路

字体设计在插画的运用中有很多种，比如常见的卡通字体设计或材质字体设计等。

本张插图选择了近几年比较流行的2.5D设计。

本案例将展示摩登城市插图的详细步骤，我们将学会如何设置画布，如何利用调色板工具加快上色速度，如何使用速创形状功能与变形工具绘制出立体感，以及如何利用 Procreate 自带的透视工具更好地确保透视无误。

在本章中，你可以学到：

- ✓ 如何使用速创形状
- ✓ 如何使用绘画指引和透视工具
- ✓ 如何使用调色板工具
- ✓ 如何添加字体并设置字体效果
- ✓ 如何使用变形工具

创作步骤

01 搜集参考资料

在开始绘画之前，需要花一些时间搜集参考资料。搜集上海这座城市印象深刻的地标建筑，并构思如何让建筑与字体更融洽的设计方案。图 1

图 1　笔者搜集到的一些上海城市建筑图片

02 新建画布

首先创建自定义画布，设置“宽度”为 1300 px、“高度”为 1800 px、“分辨率”为 300 dpi。图 2

图 2　自定义画布

未命名画布　取消　创建

宽度	1300 px
高度	1800 px
DPI	300
最大图层数	225

03 绘制草图

新建图层并选择“纳林德笔”笔刷绘制草图。为了凸显2.5D的设计感，构图设计成两点透视，英文字体为大写，字体的透视角度和展示方向做了不同的变化。在字体上方和左方添加上海电视塔和上海大桥的设计。图3

图3 在“素描”笔刷组内可找到“纳林德笔”画笔

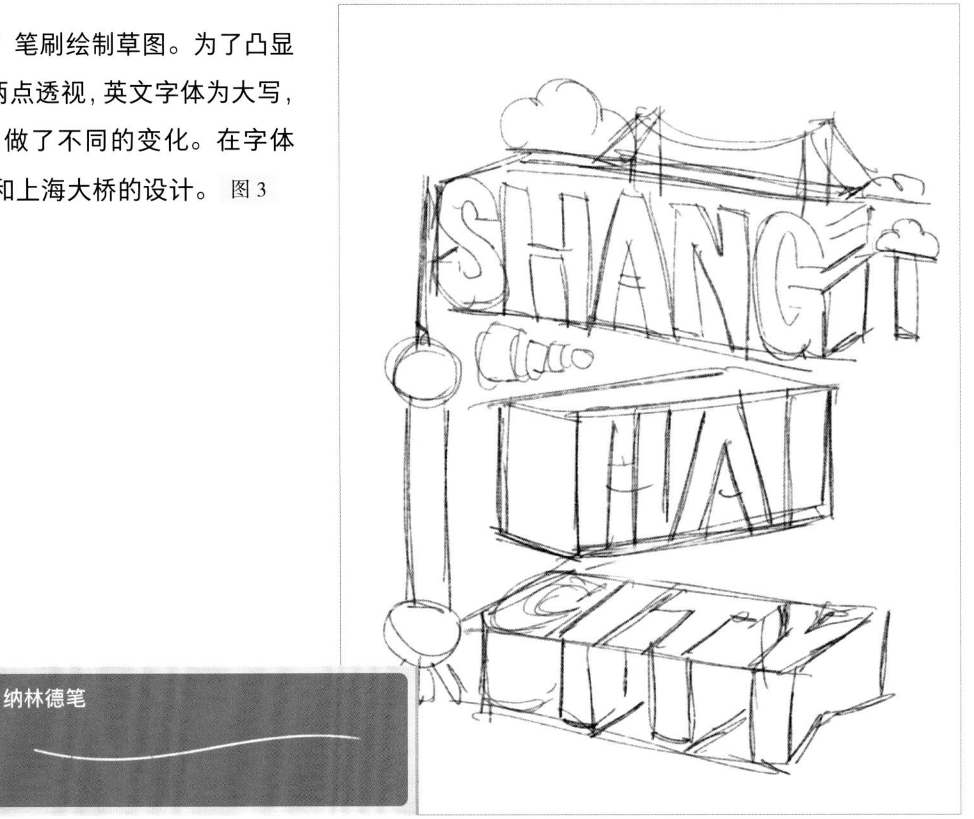

04 完善构图

在之前添加的元素基础上围绕字体增加更多代表性元素，添加手机与表情图标，增加火车、汽车、烟花与人物等素材，让整个插图中的元素和字体的关联性更紧密且能相互呼应。图4

图4 最终的构图草图

05 色彩搭配

构图确认后，开始设计颜色。在线稿下方新建图层，快速为字体与元素铺上底色。选择三原色为整张插画的主色调，并围绕主色调添加三种中性色，围绕这六种颜色大胆地尝试不同搭配，组合绘制出有趣的配色效果。不同的颜色搭配有着不同的视觉感受，我们亦可以尝试不同的颜色组合做出不同的配色。图 5

图 5 主色调：红色、黄色、蓝色，中性色：米色、灰色、紫灰色

06 完善草图

去掉线稿，添加深色背景，凸显字体设计并细化草图。图 6

图 6 最终效果图

07 打开绘画指引功能

草图完成后需要检查整体画面的透视结构是否合理，Procreate 系统自带的透视功能是个很好的检测工具。

首先选择“操作”列表中的“画布”选项，单击按钮开启“绘图指引”功能。 图 7

图 7 先打开“绘图指引”功能，才能再次开启“编辑绘图指引”功能

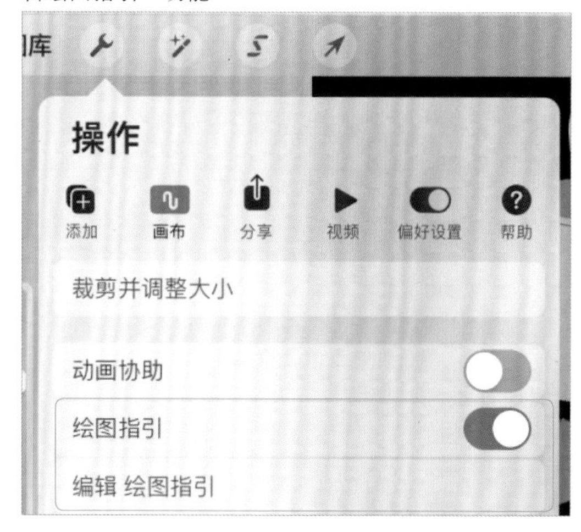

08 设置透视辅助

接下来，选择“绘图指引”功能区的“编辑绘图指引”功能，弹出相应的设置面板，选择“透视”选项。单击左方创建一个透视消失点，单击右方创建第二个透视消失点，两点之间系统会显示一条蓝色的视觉辅助线，调整两点的高度与距离，就可观察字体的透视是否正确。 图 8

图 8 透视消失点最多可创建三个

09 修改透视

根据观察后的透视结构修改 CITY 字体的透视角度，绘制完成后关闭“绘图指引”功能。 图 9

图 9 修改透视角度的效果对比

10 提炼颜色搭配

正式绘画前需提炼出草图的主要颜色，利用“调色板”面板新建一个调色板并将颜色组合保存。

善加利用“调色板”工具，能大大节省我们之后的绘画时间。 图 10

图 10 在调色板中可自由设置颜色组合，每个组合可以包含 30 种颜色

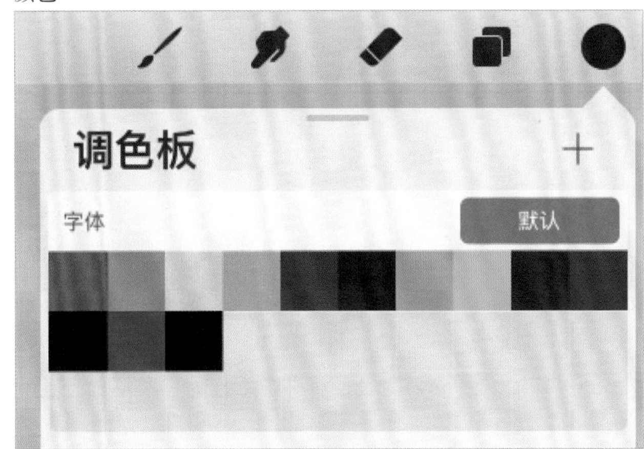

11 放置样稿

将最终效果图复制一份，一张缩小放在画布的左上角作为之后的绘画参考。另一张放大填充画布，设置图层不透明度为 28% 作为底稿，方便之后的描摹。 图 11

图 11 复制绘画参考图

12 添加字体

选择“操作”列表中的“添加”选项，然后选择“添加文本”功能，系统会自动弹出“文字”文本框。单击文本框并输入大写的 SHANG，对比底稿设置字体属性和设计属性，在这里字体设置为 IMPACT 字体，设计选项主要调整“尺寸”和“字距”。 图 12

图 12 单击文本框即可进入编辑模式，文本框内的文字可多次反复编辑

13 字体栅格化

设置完成后单击字体的矢量图层，将矢量图层的选项设置为栅格化。栅格化后的文字图层将无法再次编辑，但可以当作普通的绘画图层来操作。图 13

图 13 栅格化图层

14 自由变换

选中栅格化后的字体图层，单击变形工具中的“自由变换”按钮，系统会自动圈选文字并在选框周围显示蓝色圆点，单击蓝色圆点并拖动，可以改变字体的透视角度。图 14

图 14 字体变形前一定要单击“自由变换”按钮

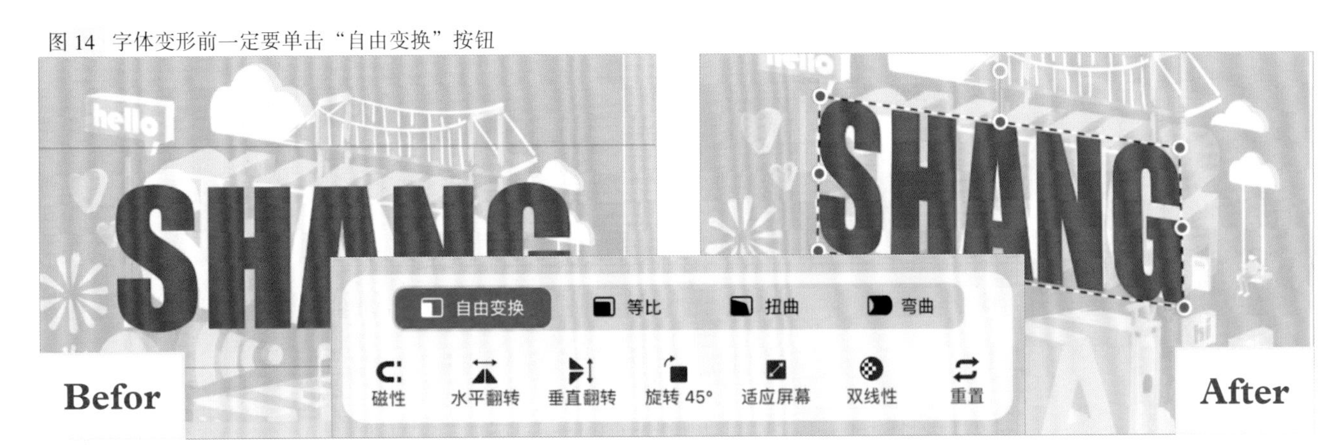

15 重复步骤

重复上面的三个步骤，分别把 HAI 与 CITY 绘制完成，并改变字体的透视角度。图 15

图 15 HAI 与 CITY 的字体变形角度是不一样的

16 修改字体颜色

选择字母图层的“选择”功能，系统会自动圈选该图层的所有内容，然后选择调色板内该字体的颜色进行快速填充。图 16

图 16 修改后的字体颜色

17 修正字体边缘颜色

放大观察填充颜色后的字体，会发现字体边缘有一圈细细的红色。选择图层选项的“阿尔法锁定”功能，使用笔刷覆盖边缘的红色，保证字体的颜色完整。图 17

图 17 修改后的字体颜色

18 微调字母距离与外形

所有单词调整完成后和底稿对比观察，根据对比修改一些字母的距离或粗细。这一步骤没有什么技巧，更多的需要耐心使用 Procreate 的基础工具和笔刷仔细地修改。 图 18

图 18 对字母的细节进行调整

19 为字体添加立体效果

正面绘制完毕后为字体绘制立体感，在 SHANG 图层下方新建图层，并选择“糖霜”笔刷描摹出字体的顶面与侧面。绘制时要利用“速创形状”功能快速绘制直线角度或弧线角度，这样可以提高工作效率。 图 19

图 19 要注意字体顶面与侧面的图层顺序

20 继续为字体添加立体效果

重复上一步骤，使用同样的方式绘制 HAI 和 CITY 的顶面与侧面。 图 20

图 20 修改后的字体颜色

21 绘制电视塔元素

字体绘制完成后，接着绘制其他元素。在最上方新建图层，选择选取工具的“矩形”工具，可快速绘制电视塔的柱体结构。利用“速创形状”功能，可快速画出电视塔的球体结构。 图 21

图 21 绘制电视塔的球体结构

22 添加周边素材

继续新建图层，绘制电视塔周围的其他元素，礼花可先画出一个水滴形状并复制多个组合而成，所有元素形状画完后再绘制元素的侧面效果。图 22

图 22 修改后的字体颜色

23 添加字体

新建文本，为元素添加 hello 文本并改变字体透视效果。图 23

图 23 为文本设置透视效果

24 绘制手机元素

在 HAI 的字体下方新建图层，利用速创形状功能快速绘制手机造型。图 24

图 24 利用“速创形状”绘制手机造型

25 添加徽标

将绘制好的手机图层隐藏后，新建图层描摹手机上的徽标图案，依然要结合使用“速创形状”功能和矩形工具绘制整体。图 25

图 25 绘制徽标图案

26 绘制大桥与云朵

找到 SHANG 图层，在上方新建多个图层，绘制立体的云彩和大桥。图 26

图 26 注意图层层级顺序

27 绘制大楼与装饰元素

找到 HAI 图层，新建多个图层，分别绘制字体周围的立体装饰元素。图 27

图 27 绘制立体装饰元素

28 绘制火车

找到 CITY 图层，新建多个图层绘制立体火车与轨道。 图 28

图 28 绘制立体火车与轨道

29 绘制树林

新建多个图层，绘制左下角的立体树林。 图 29

30 绘制汽车

继续新建多个图层，绘制右侧的汽车和图标。 图 30

图 29 绘制立体树林效果

图 30 绘制右侧的汽车和图标

31 组合图层

到这一步骤，整张插画的主体已经绘制完毕。整理字体和元素的绘画图层并组合成不同组，保持图层的干净整洁。图 31

图 31　CITY 的图层组

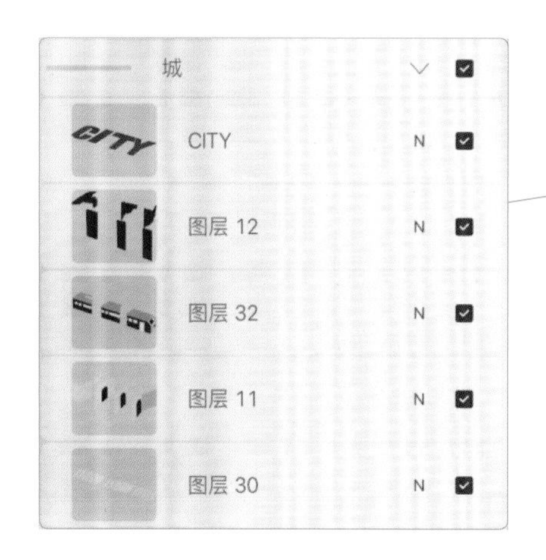

32 调整背景颜色

组群整理完成后，将背景颜色的白色设置为深色的灰紫色调。图 32

图 32　设置背景颜色

33 绘制人物

在所有图层的最上方新建图层，绘制插图上的小人。图 33

图 33 绘制插图上的小人形象

34 增加纹理颗粒

最后为画面添加纹理。新建多个剪辑图层，使用“中等喷嘴”笔刷分别为字体的正面、侧面或顶面增加纹理颗粒，为画面增加一些质感。图 34

图 34 在“喷漆”画笔组内可找到“中等喷嘴”笔刷

最终的图像

最终我们完成了一张颜色强烈、主题明确的 2.5D 字体插图，强烈丰富的对比色营造了 SHANGHAI CITY 的整体基调，丰富的元素叠加也呼应了主题。Procreate 的“透视”功能可以很好地协助用户创造立体感，如何在众多元素中找到适合画面的元素需要累积的经验。

案例效果展示 · Ghost

案例效果展示 · 合金列车

案例效果展示 · Snow

HAPPY
HAPPY
开学季

案例 9

白鹿动画

整体思路

Procreate 自带的动画功能与 Photoshop 的动画功能类似，能帮助用户制作简单的二维动画，配合多种质感笔刷，可以让设计的插画动起来。不过 Procreate 无法自动生成补间动画，所以在绘制动画时必须要逐帧绘制，就像传统的“赛璐璐”动画一样。

我们不能把 Procreate 看作专业的动画制作工具，但是对于平面设计、网页设计甚至移动媒体来说，这是一个为自己作品增加有趣效果的功能。

本案例将介绍如何通过一步一步的操作，实现让插图动起来的效果。我们将学会如何利用 Procreate 自带的动画工具，制作简单的动画效果。

在本章中，你可以学到：

- 如何使用动画工具
- 如何有条理地使用组或图层作为动画的“帧”
- 如何利用变形工具快速制作动画效果
- 如何将文件中的图层复制到其他文件中
- 如何快捷地将组合并为一个图层
- 如何设置时间轴与帧选项

创作步骤

01 绘制草图

在本案例中，我们要制作一只白鹿走过树丛的场景。根据想要表现的主题，首先使用“页岩画笔”笔刷绘制场景的草图。图 1

图 1 绘制场景的草图

02 整理构思

不同于绘制一幅静止的插图，制作动画需要充分考虑画面中不同物体的层级关系。

所以我们将整个画面分为前景、中景、背景三个部分。作为主角的白鹿从中景走过，被前景的灌木遮挡，并遮挡背景的山丘。图 2

图 2 图中的 1 为前景，2 为中景，3 为背景。在制作动画时始终要注意对 3 个不同层次分别处理

03 选择颜色搭配

为了方便后续绘制，我们可以在“调色板”中将合适的配色方案设置为“默认”。按住调色板顶部的灰色横线，将其拖曳到画板中，以便可以实时显示。图 3

图 3 将“调色板”面板放置在画板中

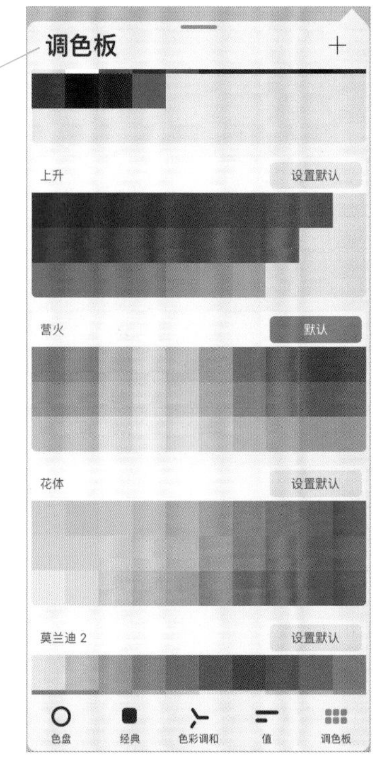

04 平铺底色

将绘制好的草稿层设置为“正片叠底”模式，降低不透明度。然后新建一个图层，利用快速填充工具填充鹅黄色作为整幅图的底色。图 4

图 4 使用快速填充工具快速填充画面

05 绘制地面

再新建一个图层，根据草图绘制出地面的范围。我们可以使用带有肌理的画笔绘制，使画面具有类似油画的笔触。在这一步骤中我们没有使用快速填充工具，是为了利用颜色变化和肌理增加画面的氛围。图 5

图 5 使用 Procreate 自带的“奥伯伦”笔刷可以绘制出自然的肌理

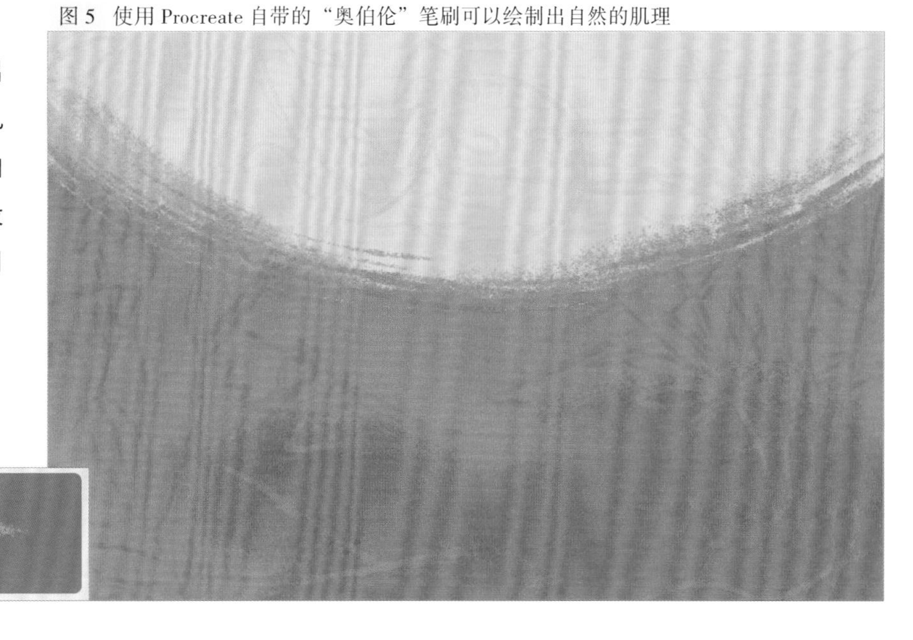

06 绘制太阳

接着新建图层，使用速创形状工具绘制太阳。绘制好后在下方再新建一个图层，画出太阳的光晕。图 6

图 6 绘制太阳和光晕

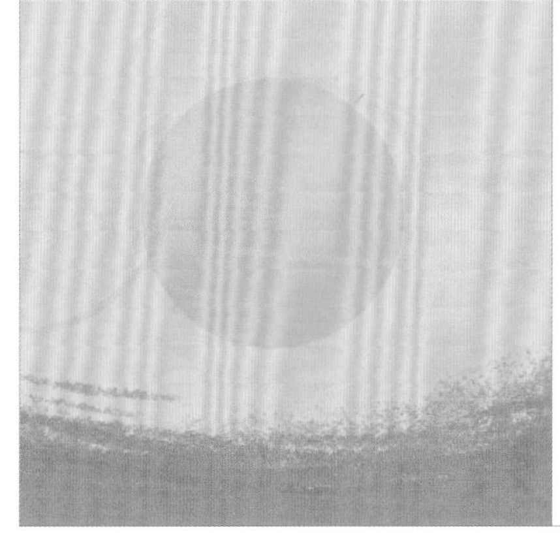

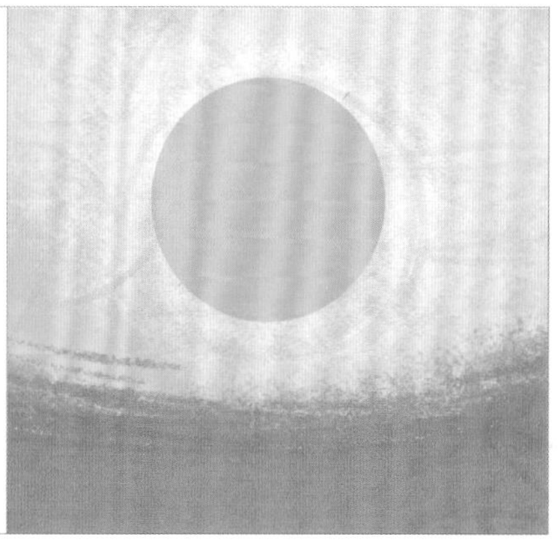

07 绘制山丘

在太阳图层上新建一个图层，绘制两侧的山丘。绘制轮廓时可以使用“页岩画笔”，将图层阿尔法锁定，然后选择有深浅变化的颜色，使用“奥伯伦”笔刷增加肌理效果。图 7

图 7 刻画山丘效果

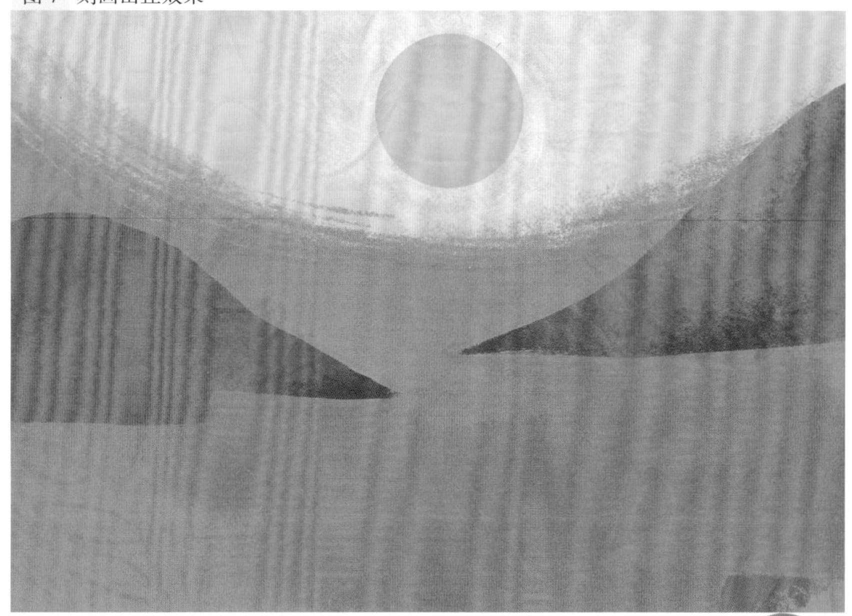

08 绘制前方的山丘

新建一个图层，继续用上一步骤的方法绘制山丘。 图 8

图 8 绘制时需要注意图层之间的上下关系

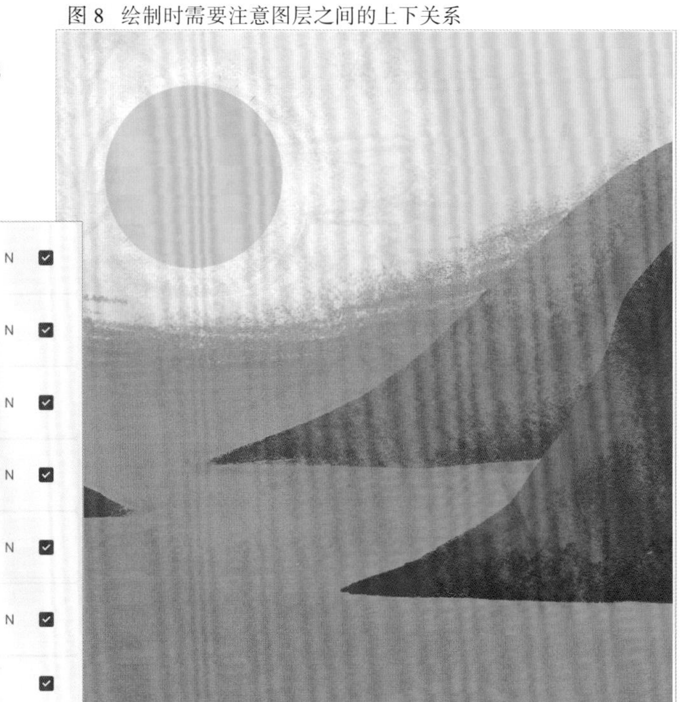

09 绘制前景

绘制完背景的整体结构后，为了方便制作动画效果，我们必须将每个单独的元素分别绘制在单独的图层中。

新建一个图层，开始绘制前景植物的轮廓，然后将其阿尔法锁定，并添加颜色变化和叶脉肌理。 图 9

图 9 绘制前景植物

10 绘制灌木丛

新建图层，绘制灌木丛的轮廓，然后将其阿尔法锁定，并添加颜色变化和肌理效果。 图 10

图 10 刻画灌木丛的细节

11 绘制树丛

新建一个图层，用来绘制树丛。可以选择“页岩画笔”绘制出草地的轮廓，并保证轮廓线是连贯的。使用快速填充工具为树丛填充颜色，这个工具类似 Photoshop 中的油漆桶工具。图 11

图 11 快速填充工具可以完美填充闭合的图形

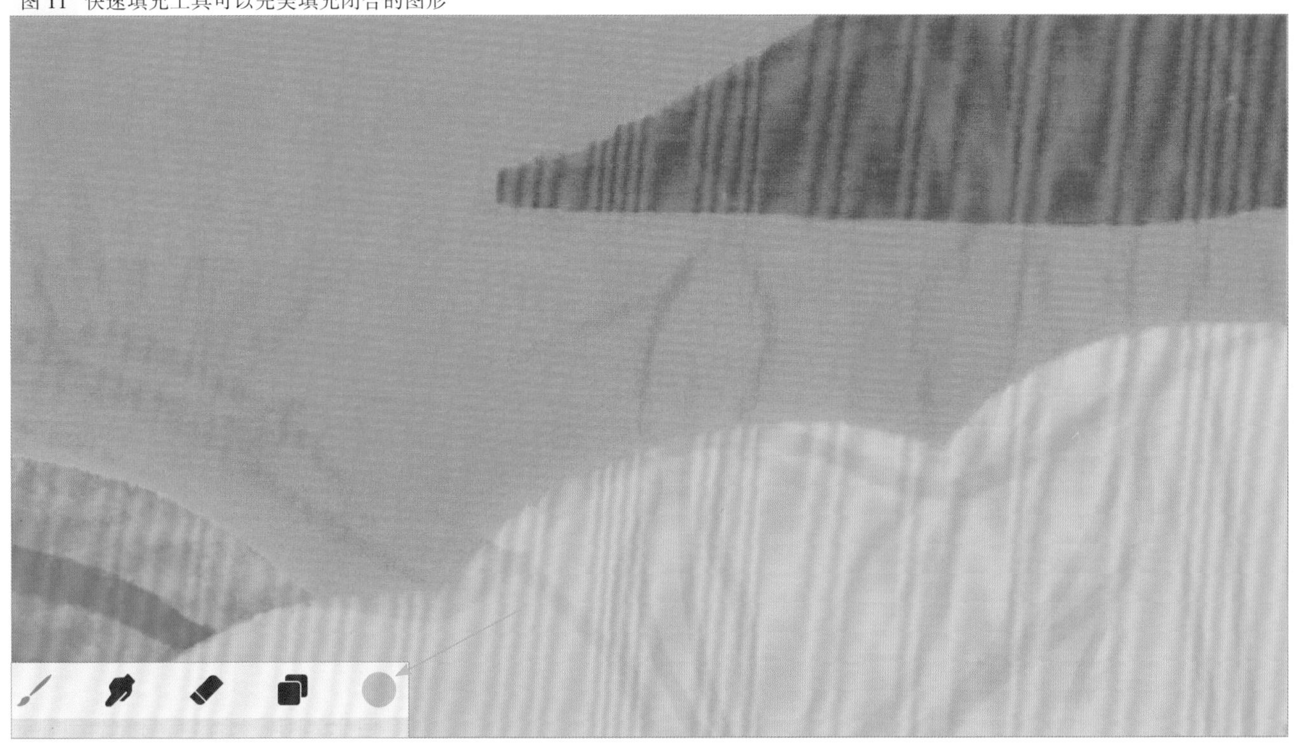

12 绘制多肉植物

为了画面的丰富性，可以参考很多不同的植物，营造出装饰画一样的效果。先新建一个图层，绘制植物的轮廓，然后将其阿尔法锁定，并添加颜色变化和叶脉肌理。在下方新建一个图层，用深一些的颜色绘制植物的枝干，让画面更有层次感。将图层阿尔法锁定后，可以继续增加光源色的反光，营造立体感。图 12

图 12 刻画多肉植物的效果

13 添加图案

选择树丛所在的图层，用深一些的绿色为它添加点块状的装饰图案。图 13

图 13 添加装饰图案

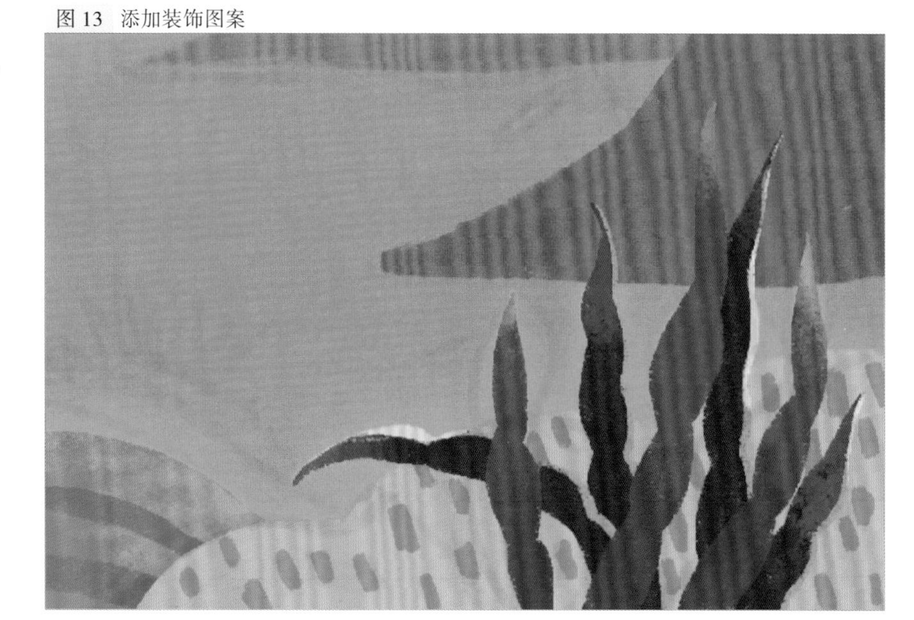

14 绘制芭蕉叶

新建图层，绘制芭蕉叶的轮廓，然后将其阿尔法锁定，并添加颜色变化和叶脉肌理。

如果需要调整植物的颜色，可以使用调整工具中的“色相”“饱和度”“亮度”直接改变植物的颜色而不用重新绘制。图 14

图 14 调整植物的颜色

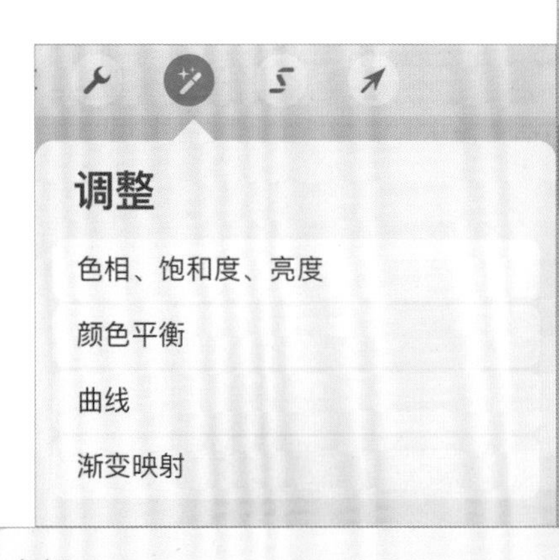

15 绘制龟背竹

新建图层，绘制新的植物。选用较深的棕红色绘制龟背竹的轮廓，然后阿尔法锁定，并为其添加一些深蓝色的颜色渐变，最后再添加叶脉。图 15

图 15 刻画龟背竹元素

16 绘制其他植物

根据上述方法，绘制出多个不同品种的植物用于装饰画面，但始终要记住为需要单独制作动画的植物建立新的图层。图 16

图 16 添加各种形态的植物，丰富画面的层次

17 绘制草丛

在灌木丛图层下方新建图层绘制草丛，使画面的层次更加丰富。图 17

图 17　绘制草丛，丰富画面层次

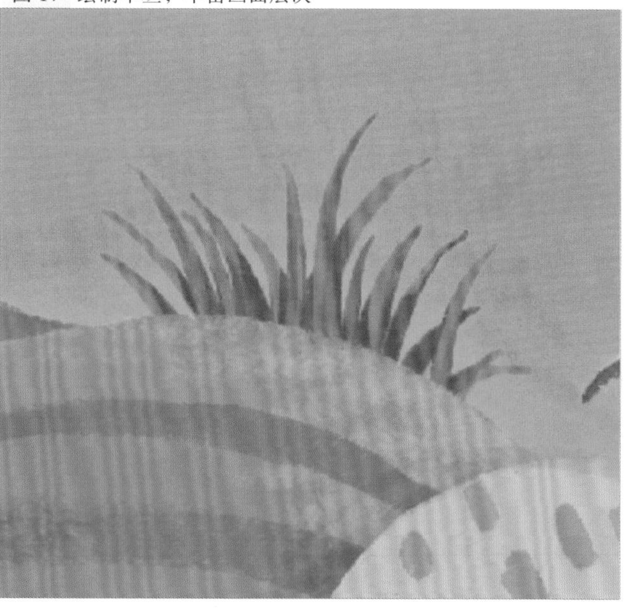

18 绘制树

新建图层，绘制树干的轮廓后阿尔法锁定，并为其添加颜色变化和叶脉肌理。

在下方新建一个图层，绘制出树叶的轮廓，并用快速填充工具填充树叶。接着将图层阿尔法锁定，添加颜色变化。图 18

图 18　绘制树干和树叶

19 整理图层

新建图层，为背景增加一些植物装饰画面，然后就可以根据第二步中的设想，将图层分别创建为两个组。

创建组时，可以单击一个需要选中的图层，然后将其他需要选择的图层依次向右滑动，全部选中后再单击图层面板上方的“组”按钮。图 19

图 19 创建图层组

图层 删除 组
图层 17 N
图层 16 N
图层 9 N
图层 18 N
图层 11 N
图层 12 N
图层 10 N
图层 13 N
图层 14 N
图层 8 N

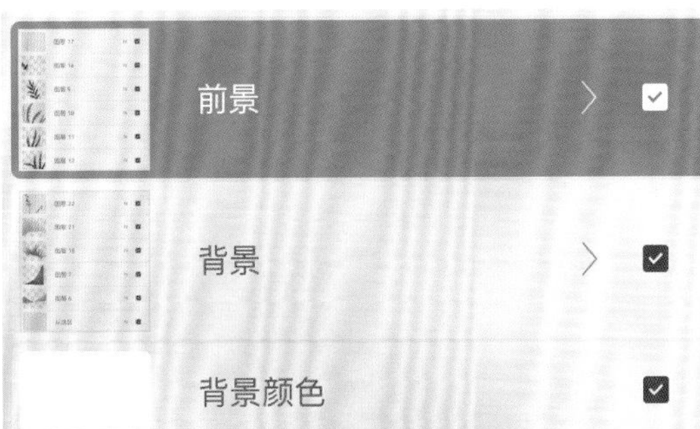

20 复制文件

回到图库界面，在文件上左滑会出现“分享”“复制”“删除”三个按钮。单击复制按钮，将原来的文件复制成三份，将其中的两份分别命名为a1和c1。图 20

图 20 将文件复制为三份

21 删除多余的图层

首先进入 a1 文件，制作前景的动画效果。我们可以将草稿层和背景层全部删除，只保留需要制作动画的部分。将剩下的前景组复制出两层并分别命名为 1、2、3。图 21

图 21 删除多余的图层，减小文件大小，可以提高动画制作的效率

22 打开动画协助工具

单击操作面板中的“画布”按钮，在打开的动画协助工具面板中出现一个动画面板。在这个面板中，我们可以看到每一个组作为一个动画的“帧”出现在面板中，播放顺序是由靠下的组到靠上的组。

单击“设置”按钮，可以设置跟动画有关的参数。这里，我们将“帧 / 秒”设置为 12，即每秒钟播放 12 帧。图 22

图 22 设置动画相关的参数

23 使用变形工具改变图形的形状

我们可以利用变形工具快速制作细微变化的动画效果。

选中需要变形的图层，然后单击“变形工具”按钮。软件会自动在图像上生成一个变形框。接着选择“弯曲”模式，就可以通过拖动井字格改变图形的形状。图 23

图 23 变形工具的不同模式有不同的变形功能，用户可以根据需要选择

24 制作动画

每次的调整都要按照顺序依次改变“组 2”和“组 3”中的对应元素。要注意参考“洋葱皮”功能制造虚影，保证变化的幅度不要太大。图 24

图 24 仔细观察，可以看到 3 个不同的帧在画面上留下 3 层虚影

25 复制组

为了动画效果更加顺畅，复制第二组并放置在第三组的上方作为第四帧。

单击“播放”按钮，观看动画运行的效果。图 25

图 25 播放动画预览效果

26 平展“组”

因为 Procreate 会限制文件图层的数量，所以我们将制作好的组分别合并为图层。单击组后选择“平展”选项，这样“组”会自动合并为一个图层。图 26

图 26 合并图层

27 背景层整理

现在回到图库页面，单击 c1 文件开始制作背景动画。

为了避免视线混乱，我们只对背景制作肌理变化的动画。

首先删除草稿层和不需要的前景层，然后将背景层复制成三层，并分别命名为 1、2、3。图 27

图 27 复制背景层

28 绘制肌理变化

在新复制的两个组中，可以使用“奥伯伦”笔刷改变背景各图层的肌理位置。图 28

图 28 应用“奥伯伦”笔刷

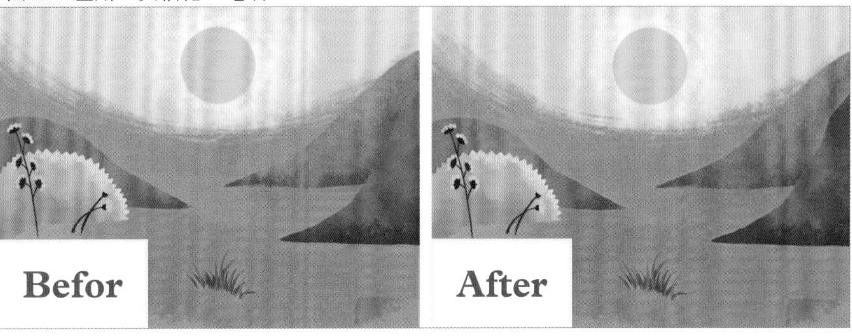

29 制作动画

为了动画效果更加顺畅，复制第二组并放置在第三组的上方作为第四帧。因为 Procreate 会限制文件图层的数量，所以我们将制作好的组分别合并为图层。单击组可看到“平展”按钮，单击后“组”会自动合并为一个图层。图 29

图 29 将制作好的组分别合并图层

30 拼合文件

现在回到 a1 文件，单击图层，再单击“拷贝”按钮。然后回到 c1 文件中，单击“操作”面板中的“添加”按钮，再单击“粘贴”按钮，将 4 个前景图层依次复制到背景文件中。

然后将它们两两对应，分别建成一组。图 30

图 30　利用“动画协助”面板中的“播放”工具，可以随时检验动画的播放效果

31 新建画布

新建画布为绘制白鹿动画做准备，单击图库中的“屏幕尺寸”，系统自动新建画布并重命名为 a02。图 31

图 31　新建 a02 画布

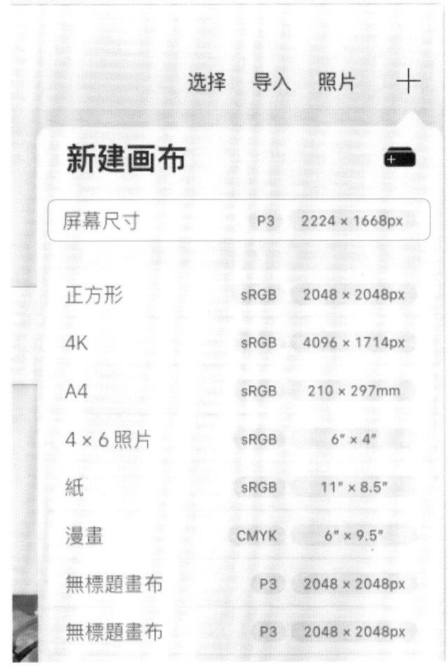

32 开启动画协助功能

单击“操作”面板中的“画布”选项，开启“动画协助”功能。开启此功能后，画布下方会自动弹出动画时间轴，单击时间轴上的“设置”功能，可设置时间轴上全部帧的动画效果。

“帧 / 秒”“洋葱片层数”和“洋葱皮不透明度”是本次动画的主要设置选项。图 32

图 32　“帧 / 秒”可以调节动画速率，设置为 4，以慢动作播放可方便观察绘制效果

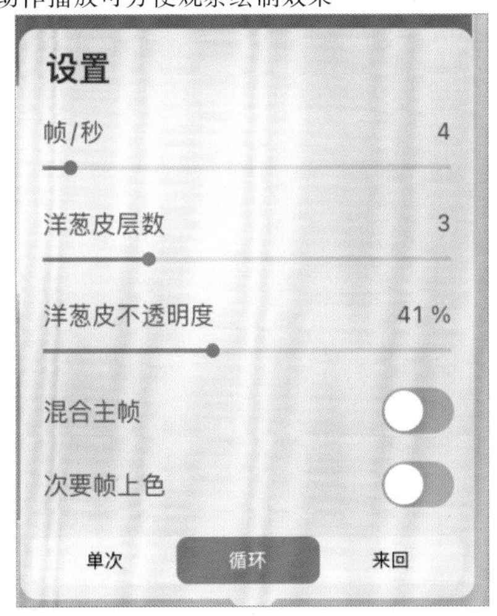

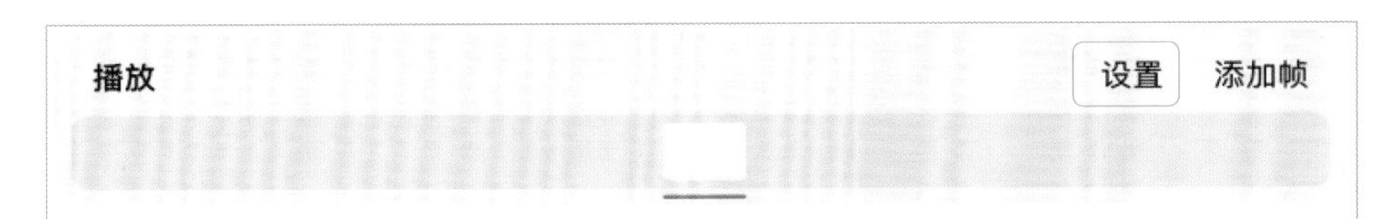

33 绘制白鹿

将背景颜色设置为灰棕色，选择“奥博伦”笔刷开始绘制白鹿的第一帧。

第一帧是动画的起手式，要注意白鹿姿态不要僵硬并设想好白鹿四条腿的运动轨迹，如果不清楚动物的运动规律，可以观看相关视频或动画，理解动作原理。图 33

图 33　制作白鹿动画的第一帧

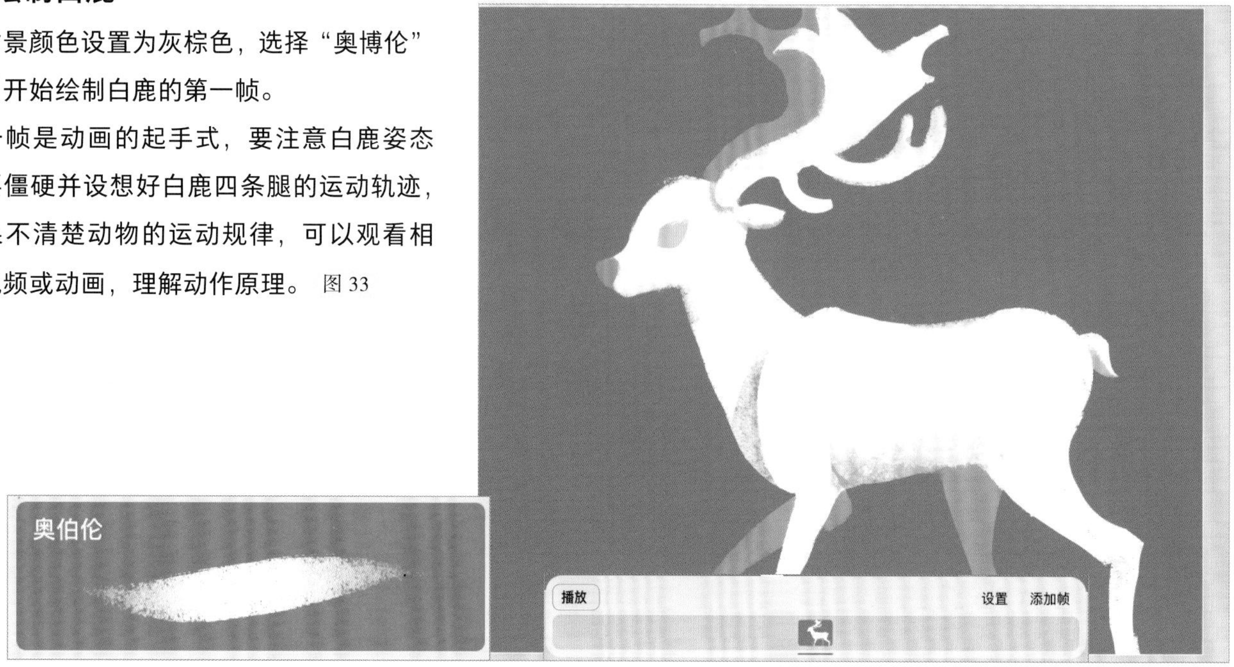

34 绘制白鹿动画

复制第一帧作为第二帧，在第二帧上直接修改白鹿的四肢动作，以此类推绘制出白鹿的整个行走过程。注意白鹿运动时头部、肩部与臀部会出现高低错落的变化。图 34

图 34　创建白鹿动画

35 反复播放动画并修改

将动画播放设置为“循环”，反复播放时间轴可更直观地观察白鹿动作，分别修改每一帧动画直到满意为止。图 35

图 35 修改动画

36 拷贝与粘贴

绘制完成后，将白鹿的所有动画图层复制到 a01 的背景动画中。单击“图层”面板中的“选择”功能圈选白鹿，三指单击屏幕并下拉，弹出拷贝粘贴快捷界面，选择“拷贝”选项，回到图库进入 a01 文件后，继续三指单击屏幕并下拉，弹出快捷界面后选择“粘贴”选项，完成转移操作。以此类推，将剩下的图层复制粘贴到背景动画后重命名所有图层。图 36

图 36 重命名后的图层

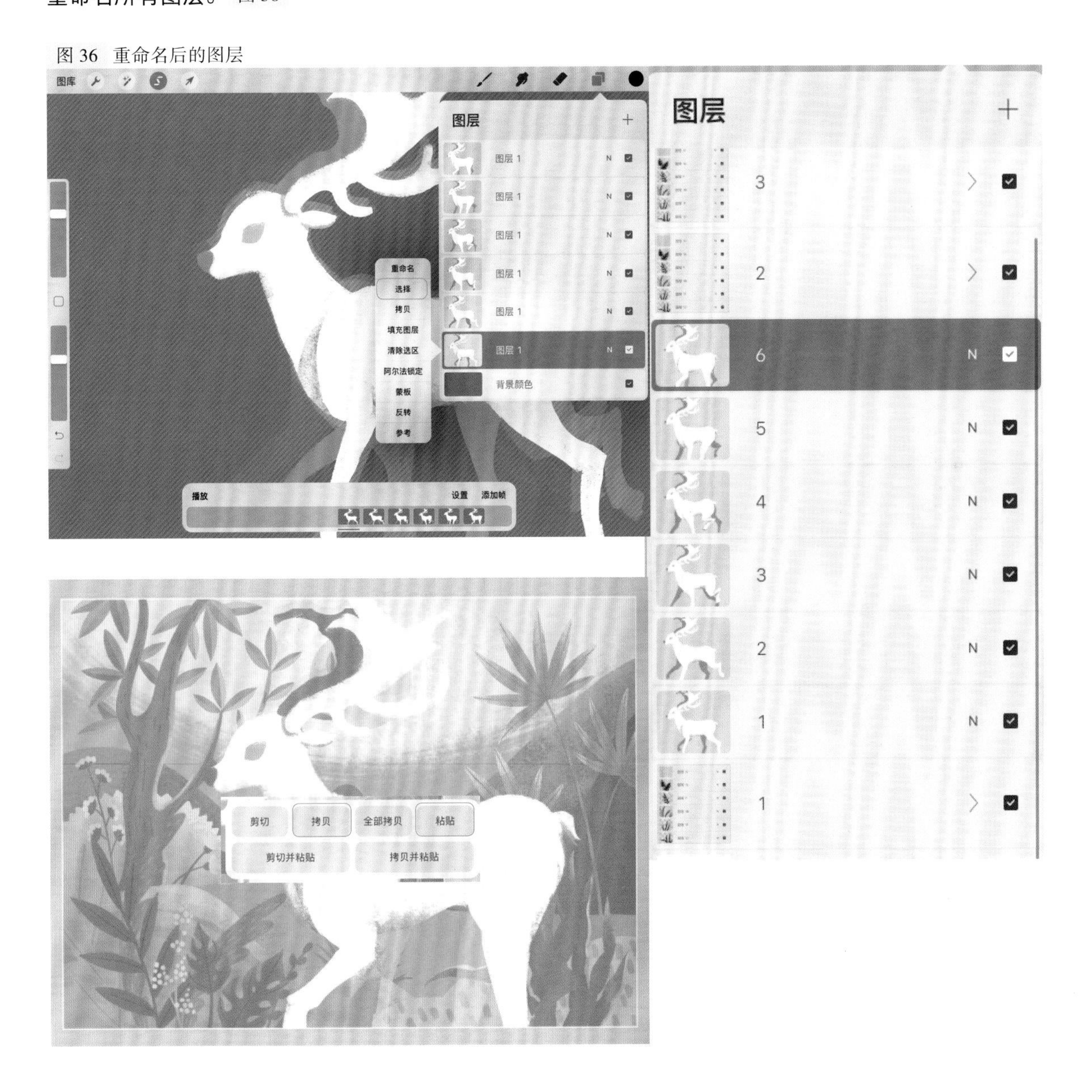

37 移动图层

将背景图层组的 1 和 2 分别复制并重命名为 5 和 6，将白鹿动画按照顺序拖曳到相应的图层组中，要特别注意白鹿图层的前后遮挡顺序。图 37

图 37 一部分植物在白鹿图层的上方，另一部分植物在白鹿图层的下方，让画面拥有更好的层次效果

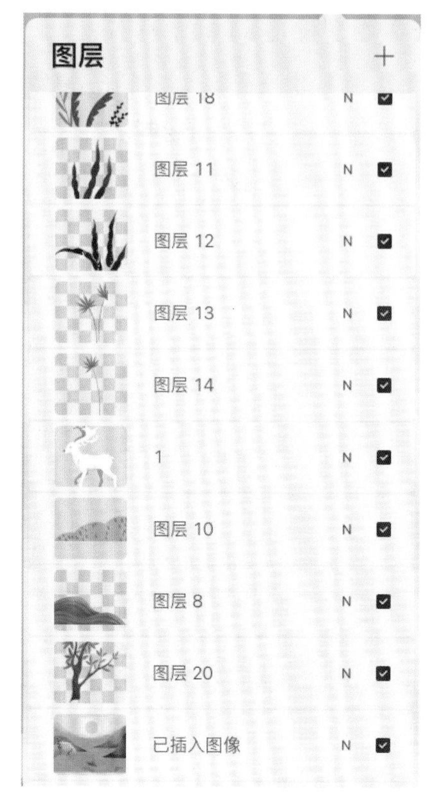

38 调整入场动画

白鹿直接出现在画面中间做原地运动是不合理的，需要一个白鹿走进场景的入场动画。利用选取工具逐帧将白鹿向右拖动，第一帧只露出头部，然后慢慢地进入更多身体部位，最终让白鹿做出从右方走进画面的动画效果。图 38

图 38 为了方便观察动画并调整移动位置，将最后一帧的“保持时长”暂时设置为 3，绘制完毕后恢复原样

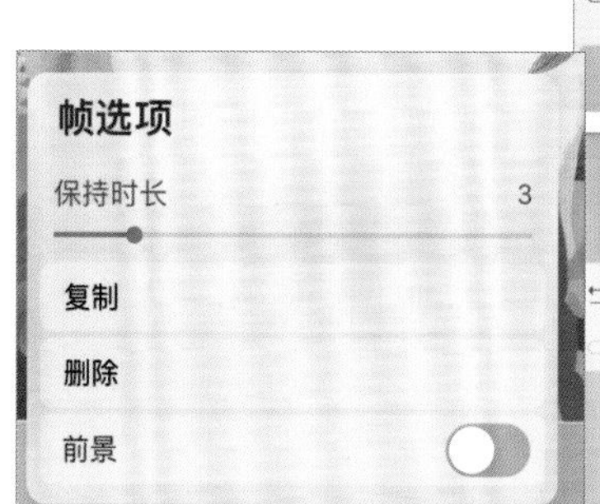

39 绘制抬头动画

单击最后的帧，弹出帧选项后复制该帧，利用选取功能调整白鹿头部角度并填补空缺处，然后绘制出白鹿抬头并闭眼的动作，最后为背景填补纹理变化与树叶摇晃效果。图 39

图 39 复制帧

帧选项
保持时长 无
复制
删除
前景

40 添加光效

为白鹿添加光效，增加神秘感。新建图层并将图层混合模式设置为“强光”、不透明度设置为 50%，选择“气笔”画笔组中的“软画笔”笔刷，在白鹿周围绘制光效，在橡皮擦工具中选择“喷溅”画笔组的“粗大喷嘴”笔刷擦除调整边缘，注意每一帧都需要耐心地添加一层光效。图 40

图 40 为白鹿添加光效

图层 135 HI
不透明度 50%
添加
浅色
覆盖
柔光
强光
亮光
线性光
点光
实色混合
6 N

41 调整时间轴

最后打开每一帧的“帧选项”，将所有帧的“保持时长”设置为 1。单击时间轴上的“设置”选项，将“帧 / 秒”设置为 9。这两个选项可调整动画播放的速率，可以多设置几次进行观察，以达到最满意的效果。图 41

图 41　调整动画播放速率

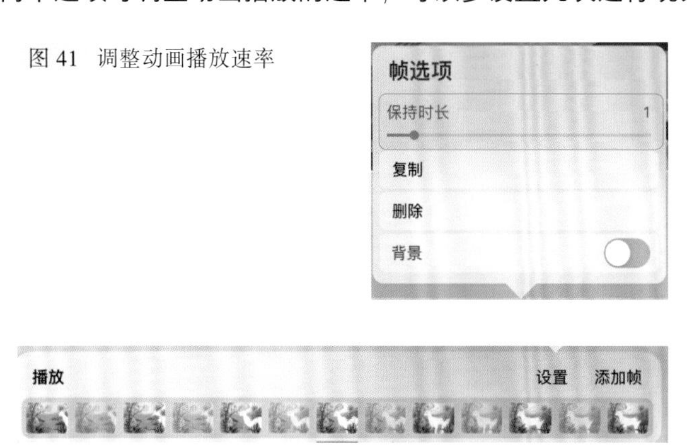

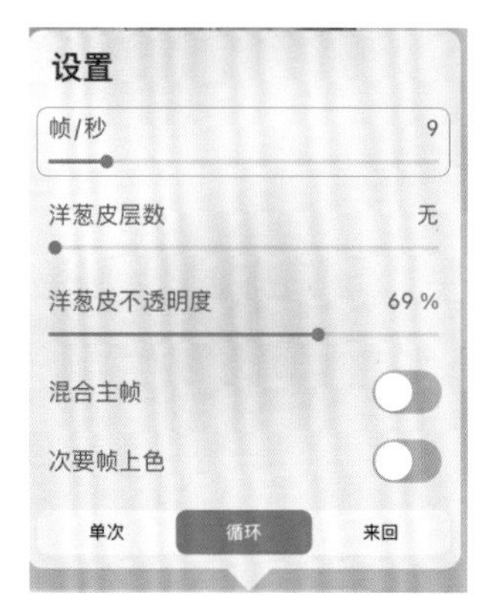

最终动画效果

所有参数设置完成后，播放动画，可以看到一头优雅的白鹿从画面右侧缓缓走进丛林。